水俣病闘争史

米本浩二

河出書房新社

水俣病闘争史　目次

水俣病闘争史

ちいさな無名の人間たちが、
なんとけなげに、圧倒的な運命にむかって闘い、
たおれて行ったことでしょう。
それは記すに値しました。
——石牟礼道子「天の病む」

はじめに

三三年間勤めた毎日新聞社を二〇二〇年二月に退職し、津田塾大学や東京工業大学で非常勤講師をさせてもらうようになった。一番語りたいのは、石牟礼道子苦海浄土三部作などに描かれた石牟礼道子と渡辺京二の闘争である。道子と京二の闘争を語るには、ふたりの書いたもの以外の文献・資料も渉猟して、闘争の相手や闘いに至った経緯を語らねばならない。

企業誘致で水俣に来た日本窒素肥料株式会社（のちのチッソ）、有機水銀の無処理放流、見舞金契約、厚生省占拠……。水俣病の惨禍だけでなく日窒の歴史にも触れたい。創業者の野口遵《したがう》、野口が来る前の寒村だった一九〇〇年頃の水俣……。異常事態のみなもとを求めてさかのぼるうち私は、水俣病闘争の〝通史〟を語っていたのである。

水俣病闘争に関する記述を包含している水俣病研究会編『水俣病事件資料集』（上下巻、葦書房）や岡本達明『水俣病の民衆史』（全六巻、日本評論社）は水俣病研究に必須の文字通りの労作だが、二作とも編者や著者の情熱と智識の反映で、持ち運びに難渋する大部の書物となっている。一般の人が気軽に手にとれるとは言い難い。水俣病闘争に興味をもった人がすぐにアクセスできて、闘争を見渡すことができる簡便な一冊がほしい。常々そう思っていたのだ。

人命を軽んじる原発政策／パワハラ／女性差別／公文書改竄《かいざん》や権力の私物化／権力に蹂躙《じゅうりん》される沖縄の基地／市民運動の分派／場当たり的な新型コロナ感染症対策／権力の暴走による惨禍（ロシア軍ウクライナ侵攻）……など、公害問題の原型である水俣病は、二一世紀の諸問題に通じるものがある。別の言い方をするなら、水俣病闘争は現在の諸問題とまったく相似形にある。そのプロセスを振り返ることで、現在の置かれている状況を客観視できないものか。

水俣病闘争の、とりわけ水俣病の公式確認（一九五六年）以後の歴史は、困難に直面することの連続である。それら困難を乗り越えていった苦闘のプロセスを語ると、どんなに冷めた学生でも食いついてくるのだ。過去の出来事を吸収するというより、自身が難問に直面しているかのような熱心さである。先の見えない状況をどうやって切り開いていったのか。

水俣病第一次訴訟で原告勝訴の決め手となった〝過失論〟の構築に尽力した法律学者の富樫貞夫は、水俣病事件全体を視野に入れて、何かを言おうとする際、だれもがアマチュアにならざるを得ない、と述べている。

〈専門分野が極端に細分化した現在、ある限られた分野についての専門家はいても、水俣病事件全体をカバーできる専門家などはいるはずがない。長年、この事件に取り組んできた者は、多かれ少なかれ、アマチュアとも専門家ともつかない曖昧な位相にある自分を意識させられる。水俣病事件全体を視野に入れて何かを言おうとするならば、自分の専門分野の枠を越えて、関連する分野を行き来する必要に迫られるからだ。そういう意味では、この事件全体を関心の対象とする限り、だれもがアマチュアであるほかないように思われる〉（富樫貞夫『水俣病事件と法』）。

一九六一年生まれの私は、水俣病闘争に同時代的に参加したわけではない。石牟礼道子から話を聞いて道子の評伝を書くなど、彼女の生涯とその作品についての自己流の資料収集や論考を重ねてきたにすぎない。水俣病事件に関してはアマチュアである。事件の中心的要素である水俣病闘争に関しても同様だ。

そのアマチュアが、水俣病闘争を見てきたように書いていいのかという逡巡はあった。迷うたびに、〈だれもがアマチュアであるほかない〉という富樫の言葉に立ち戻り、「アマチュアだからこそ、書けるんだ」とみずからを鼓舞し、おびただしい文献や直接・間接的見聞から得た闘争のエピソードをひとつひとつ積み上げていった。

水俣病闘争の歴史を照らし合わせると、現在の諸問題は、既存のやり方で対処しようとしているからこそ問題化しているのだと気づかされる。ならば、課題にどう対峙すればいいのか。道を開く助けとなるのは過去の教訓である。若い世代の人たちが、わがことのように水俣病闘争の歴史に耳を傾けるのは、懸命に道を探しているからに違いない。水俣病闘争を考えることは、現在を考えることである。

講義の記憶のさめないうちに私は書き始めた。書いているとき、ひとりだったわけではない。いつも目の前にだれかがいたのは間違いない。それは私に魂の問題を訴えかけてくる未成年の学生であり、自分の人生の軌跡を闘争の軌跡と重ね合わそうとする年配の婦人であり、石牟礼道子の文章にすがって難局を切り開こうとする若い勤め人らである。この時代をともに生きているそれらの人々と手を取り合うようにして私は水俣病闘争〝通史〟の森へと分け入っていったのだ。

第一章　寒村から

塩と木材

石牟礼道子[1]の父**白石亀太郎**[2]は「家だけじゃなか、なんによらず、基礎打ちというものが大切ぞ。基礎というものは、出来上がってしまえば隠れこんで、素人の目にはよう見えん。しかし、物事の基礎の、最初の杭をどこに据えるか、どのように打つか。世界の根本を据えるのとおんなじぞ。おろそかに据えれば、一切は成り立たん。覚えておこうぞ」と幼い道子に言い聞かせている。父

1　**石牟礼道子**（いしむれ・みちこ、一九二七〜二〇一八年）熊本県天草市生まれ。詩人。作家。思想家。水俣実務学校（現・水俣高）卒。一〇代から詩作、歌作に取り組む。「サークル村」に参加後、水俣病患者の苦患を描いた『苦海浄土　わが水俣病』を発表。その後、苦海浄土三部作を完成させた。水俣病闘争のリーダーのひとりであったが、本人は「付き添い」というスタンスを崩さなかった。自伝的作品に『椿の海の記』『あやとりの記』など。

2　**白石亀太郎**（しらいし・かめたろう、一八九三〜一九六九年）熊本県天草市生まれ。石工。農家奉公や炭鉱労働など流浪の半生を過ごし、天草出身の石工集団・吉田組の棟梁吉田松太郎の長女ハルノと水俣で結婚、石牟礼道子ら六人の子に恵まれた。酒と書物を好み、人情に厚く、不正義を許容しない生き方は多くの人を惹きつけた。廃材で家を構築するなど生活実践力にも富み、その思索の深さと創造性の豊かさは道子に大きな影響を及ぼした。

は廃材を使って独力で家を建てた。理屈でなく、生活実践上のリアリズムである。厳父の教えは道子の骨身に徹した。水俣病患者の苦患を描くだけでなく加害企業の歩みなど水俣の歴史をも包摂する苦海浄土三部作の構成にも影響を及ぼしたであろう。闘争史を書こうとする私も、亀太郎の教えにしたがい、「水俣」の説明から入るのである。

〈水俣とはいかなる所か。九州、熊本県最南端。不知火海をへだてて天草、島原をのぞみ、明治世代にいわせれば、東京、博多、熊本などと下ってくる中央文化のお下《さ》がりよりも、直結的に島原長崎を通じ、古《いにしえ》より支那大陸南方および南蛮文化の影響を受けた土地柄である、という〉（石牟礼道子『苦海浄土　わが水俣病』）。

海際まで迫り出した九州山地によって水俣の平地は狭窄《きょうさく》である。かつて陸路は山々に閉ざされ、交通は海上ルートに頼ることが多かった。石飛などの遺跡が示すように、縄文時代から人が定住していた。『延喜式』（九〇五年）には「水俣に駅家置かる」などと記され、南九州における交通の要衝であったのが分かる。近世には軍事的にも重要な地となり、近代の西南戦争では激戦地となった。

水俣がそのふところに抱く不知火海《しらぬいかい》は九州本島と天草諸島に囲まれる内海である。水俣湾は、海へと突き出した北側の明神岬と沖の恋路島に囲まれた「内海の内海」というべき二重湾構造となっている。波音のない穏やかな海だ。台風でも漁ができた、と伝えられる。眼下の海は無限の食糧供給ゾーン。田畑が狭いから、海辺の人々の主食は自然と大盛りの魚介類となり、イモ、ムギ、野菜が副食となった。コメの常食は網元に限ったという。

リアス式の海岸線が芦北《あしきた》から水俣へと複雑に入り組み、湾の中央には数々の瀬につらなる海底山脈のような漁礁がある。漁礁周辺に大小の潟や磯が点在する。水俣湾は各種魚介類が質量とも豊富な好漁場なのだ。三メートルを超える干満の差。幼い子でも浜で種類豊富な貝や小魚を獲ることができる。水俣病初期の患者に幼児が多かった理由のひとつだ。

明治以降、対岸の天草などから水俣沿岸に来て漁をする人が増え、その一部が海岸に定住して漁民集落を形成した。明治になっても水俣は一寒村にすぎず、芦北・水俣地方の中心は長いあいだ水俣の北隣り芦北の佐敷《さしき》（現・芦北町）だった。

一八九八年当時の水俣は総戸数二五四二戸の農漁村である。港からは木材、竹材、木炭の搬出が盛んだった。谷川沿いを四〇〇台以上の荷馬車が行き交った。『新水俣市史』などによると、一九〇〇年頃には三四町余りの塩田に九三の塩焼き小屋があり、約二〇〇戸の農家が年間数十万俵の塩をつくって、現金収入を得ていた。

〈塩浜は、一番はじまりは海やったっじゃもん。百間塘《ひやつけんのとも》の大廻塘《うまわりのとも》のて堤防築いて塩浜にしてから、三〇〇年になったぐらいじゃろ〉という古老の語りが残っている（岡本達明、松崎次夫編『聞書水俣民衆史』第一巻）。〈塩焚き小屋は「ボヤ」というて、三軒か四軒かの共同でしたったい。それでボヤはうんとあった。焚くときは、それこそ一週間は徹夜休みなしです〉（同）。

一九〇九年、塩専売制施行。日露戦争による国家財政の赤字補填策である。約二五〇年続いた水俣の製塩業が突然終焉を迎えた。〈「塩浜がなくなる。どげんしようか」ていうふうでしたっじゃって。百姓の銭取り仕事がいっぺんになくなってしもうたですたい〉（同）。

日本窒素肥料

石牟礼道子は『苦海浄土　わが水俣病』（一九六九年）を書くにあたって、「私としては水俣病を通して――産業発達史、こまかく云えば肥料‐合成化学発達史は胸におさめておきたい、もっとこまかく云えば日窒史ですね。やりたいと思います」と**渡辺京二**[3]に手紙を出している（六六年一〇月二一日）。

道子は渡辺の雑誌『熊本風土記』に『苦海浄土　わが水俣病』の初稿「海と空のあいだに」を連載中であり、今後の構想を述べたものだ。患者を描くのも手いっぱいなのに、日本窒素肥料株式会社（のちのチッソ）史にまで手を広げるのは無謀とも大胆ともいえる。しかし、水俣病のみなもとをたどるに日窒史は欠かせない。〈物事の基礎の、最初の杭をどこに据えるか、どのように打つか。世界の根本を据えるのとおんなじぞ〉という父の言葉が念頭にあっただろうか。

患者に憑依するかのような詩人肌の道子の才能に瞠目した渡辺だが、「日窒史」は畑違いと思ったのだろう、作品に取り入れることには消極的で、〈水俣病の中に素人の生ビョウ法で書くことはむづかしいこと〉と戒めている。〈渡辺さんのおっしゃる通りにいたしたいと考えています〉と返信した道子だが、〈日本資本主義を私流にはぜひともとらえなければならぬというやみがたい欲望〉を手放すことができず、「海と空のあいだに」を改稿、大幅加筆した『苦海浄土　わが水俣病』に、日窒史や創業者・**野口遵**[4]のことを珍しく社会科学的筆致でしっかり書き込んでいる。〈基礎打ちというものが大切ぞ〉という亀太郎の声が聞こえてきそうだ。

道子にとって「会社」（日窒）の一番古い思い出は〈昭和六年、熊本陸軍大演習〉である。道子四歳。昭和天皇が日窒の視察に来る。巡査が、道子の祖母を連れて行くという。祖母は精神を病む〝神経どん〟である。巡査は〈不敬に当たるから舟に乗せて連れてゆく、いうことをきかなければ縛ってでも連れてゆく〉と強硬だ。道子の父亀太郎が〈あやまちのあれば切腹しますけん〉と約束し、祖母は家にいることを許された。〈わたくしの中にはじめてはいって来た「会社」とは土下座しているひとびとの間を、お伽ばなしのような小豆色の自動車がはいってゆくそのようなものである〉(『苦海浄土 わが水俣病』)。

道子の世代にとって、水俣の偉人といえば、明治言論界の巨魁・徳富蘇峰《そほう》、蘆花《ろか》の兄弟と日窒の創業者・野口遵である。〈いまなお水俣村桃源郷世代のエリートたちが「蘇峰サン、蘆花サン、順子サン(竹崎順子)」と実に気易げに日常呼びならべる歴史的人物名の中に、「ジ、ユ、ン、サンが――とひときわまなこほそめて、馴れ親しむ語調に語るのは、野口遵氏のことなのである〉(同)。

野口遵は金沢市出身。東京帝国大(現・東京大)電気工学科を卒業後、シーメンス東京支社に

3 渡辺京二(わたなべ・きょうじ、一九三〇年~)京都市生まれ。熊本市在住。日本近代史家。結核のため旧制五高中退。その後、法政大卒。『熊本風土記』創刊・編集。同誌に掲載された石牟礼道子「海と空のあいだに」は『苦海浄土 わが水俣病』の初稿となった。石牟礼の要請を受けて熊本市に「水俣病を告発する会」を結成。水俣病闘争の理論的指導者として患者救済への道を開いた。著作に『逝きし世の面影』『バテレンの世紀』など。

4 野口遵(のぐち・したがう、一八七三~一九四四年)石川県金沢市生まれ。チッソ創業者。東京大工学部電気工学科卒後、仙台で日本初のカーバイド製造事業を開始。鹿児島県大口に水力発電所を建設。その電力を利用して水俣に日本窒素肥料株式会社を創設。朝鮮に巨大コンビナートを建設するなど日窒コンツェルンを一代で築き、「電気化学工業の父」と称された。徳富蘇峰らと並ぶ歴史上の人物「じゅんさん」として水俣でも慕われた。

入社。カーバイド（炭化物）の研究に携わった後、仙台で日本初のカーバイド生産に成功し、実業家としてスタートを切る。

野口は電気化学会社の設立を目指す。「東洋のナイアガラ」と呼ばれる鹿児島県の曾木の滝の水力に注目する。一九〇六年に曾木電気（資本金二〇万円）を設立。〇七年、第一発電所完成。曾木の滝から約一・五キロ下流に第二発電所完成。発電量は当時国内最大級の毎時六七〇〇キロワットである。電気は近くの牛尾金山などへ供給された。〇七年は荒畑寒村『谷中村滅亡史』の刊行年である。ただちに発禁処分を受けている。

余剰電力活用のため野口は、鹿児島県米ノ津港にカーバイド工場の建設を計画した。水俣の有力地主らが誘致に動く。「企業誘致」のはしりである。工場用地の安価な提供や、米ノ津より約八キロ遠くなるデメリットの解消のため約八キロ分の電柱の寄付を約束。「音に聞こえし　曾木の滝／銅線張りては　水俣に」という「電気柱の唄」までできた。

水俣の対岸の天草には石灰石や無煙炭が豊富にある。積み出しに適した港が水俣に複数あることも好材料である。野口は水俣進出を決める。〇六年八月、日本カーバイド商会を設立。〇八年八月、曾木電気と日本カーバイド商会が合併し、日本窒素肥料株式会社（資本金一〇〇〇円）ができた。九州西端、日本の辺境での事業開始にもかかわらず、全国を見据えて「日本」を入れた社名に、野口の意欲と自信がうかがえる。

天草・下浦の石工集団の棟梁、吉田松太郎（一八七一〜一九五六年）が水俣に移住したのは一九一〇年頃である。日窒の積み出し港・梅戸の築港工事を請け負うなど事業拡大のため新興地水俣に移ってきたのだ。天草での道路建設中に長女ハルノの長女が誕生。道路工事にちなみ道子と命名された。吉田道子、のちの石牟礼道子である。

川が河口で三角州をなし、二股になって不知火海に注ぐ。それゆえ「水俣」の名がある。昭和初年、二股の川を合流させて一本の川にした。進出してきた日本窒素肥料の工場が、川が氾濫するたび水没してしまう。そのための治水対策である。日窒の脇に流れていた川を南の農村地帯に移し換えたのである。

日窒の開業当初、従業員は安い賃金で働いた。化学工場につきものの爆発など労働災害も多発する。工場労働者はそのみすぼらしい姿から「会社勧進《かんじん》」と地元の人たちからさげすまれた。〈いうこと聞かんと、子供には「勧進（乞食）に打ちくれるぞ」、若い者には「会社に入れるぞ」て、親はいいよったっですでなぁ。（中略）会社行きは人間の外やったんですよ〉（『聞書水俣民衆史』第二巻）。

〈人間の外〉とまで言われる状況は、石牟礼道子も書き留める必要があると思ったのだろう。〈ほらほら、会社ゆきどん（共）が、今日もクウズクワズ、クウズクワズ（食うず食わず）ちゅうて、靴の音立ててゆきよるがね。会社くゎんじん、道官員《みちがんえん》（会社の中では乞食姿、帰りの道では官員さんのような洋服着て）――と批評したのである〉（『苦海浄土　わが水俣病』）。

アセトアルデヒド

日窒は当初、カーバイドを焼いて石灰窒素をつくっていたが、野口は空気中の窒素を集めるアンモニア合成法に関心を抱き、一九二一年にイタリア人カザレーの「カザレー式アンモニア合成法」の特許を取得。二三年からカザレー式アンモニア合成に着手し、二六年には年間約七万トンの窒素肥料・硫安を製造。日本の全生産量の半分以上のシェアを占めるに至った。

日窒は本格的化学工場への脱皮を急ぐ。カザレー式の成功で、カーバイドは原料として不要になった。新たな使途を探さねばならない。野口遵は二四年、入社したばかりの京大卒の技術者に「カーバイドアセチレンを原料とする化学工業をやりたい。何でもいいからできるものを研究してみろ」と命じた（『聞書水俣民衆史』第四巻）。

〈アセチレンに水をくっつけてアセトアルデヒドをつくり、更に酸化して酢酸にするのと、アセチレンを三つくっつけて重合させてベンゼンをつくるのが、一番できそうでした。ビーカーテストをすると、アセトアルデヒドは比較的うまくいきました〉（同）。「なにをぐずぐずしているか。すぐ工業化しろ」と野口は若い技術者を叱咤する。

アセトアルデヒド製造工程を三二年に完成させたのが日窒技術者の橋本彦七（一八九七〜一九七二年）である。硫酸溶液に触媒の水銀と助触媒の二酸化マンガンを溶かした反応液（母液）をポンプで循環させながらアセチレンを吹き込むと水と反応しアセトアルデヒドができる。「酢酸合成法」「アセトアルデヒド抽出・触媒液の賦活方法」などの特許を取得した。この過程で触媒の無機水銀が有機化してメチル水銀となる。このメチル水銀が水俣病の原因物質となったのだ。水俣工場は三二年、メチル水銀を含む廃水の無処理放流を開始。同年は満州国建国の年である。

橋本は三八年に水俣工場長になり、将来の社長候補と言われたが、第二次大戦終結後、日窒の主力工場だった朝鮮・興南《こうなん》工場からの引き揚げ組に追い出される形で退社。その後、水俣市長となる。六八年、市議会でアセトアルデヒド製造工程の発明者としての責任を問われた橋本は〈私の発明です。発明ですよ、発明です〉と〝発明〟を三度も繰り返して元技術者としての誇りをにじませている。のちには悪の元凶のようにみなされるアセトアルデヒドだが、この段階では、発明者が公の場で加害責任に言及するような状況にはまだ至っていない。

アセトアルデヒドは化学製品の要となる中間原料である。アセトアルデヒドから、酢酸、アセトン、オクタノールなどができる。初年（三二年）のアセトアルデヒド生産は二五九トン、四〇年には九一五九トンと増え、第二次大戦中に生産は停止したが、五五年には一万六三三トンに達し戦前のピークを上回り、六〇年には四万五二四五トンとなった。

オクタノールは、塩化ビニールを柔軟にするための可塑剤の原料となる。五〇年代の日本にはプラスチックがほとんどない。ホース、バケツ、農業用シートなどに形を変える塩化ビニールが死活的に必要だった。塩ビ生産に必要なオクタノールのほぼ全量を水俣工場がつくり、アセトアルデヒドはフル生産され、有機水銀の排出量も増えた。国の戦後復興と高度経済成長を水俣のアセトアルデヒドが支えたのである。

製造工程からは廃水が常時出た。現場で働いていた人たちの証言がある。

〈工場があれば機器がある。機器があれば、その下か傍に、必ず廃水溝がある。機器から出る汚物は、全部廃水溝に流す。母液であれ、残渣《ざんさ》であれ、精溜塔のドレン（注・廃水）であれ、洗滌水であれ、冷却水であれですね〉（『聞書水俣民衆史』第四巻）。〈日勤の者が、メーン廃水溝からヘドロを上げると、屋外の火を使っていい所で、勾配つけた鉄板の上にぶちまけて、下からどんどん薪で焚きよった。そうするとヘドロが乾燥して、金属水銀がコロッコロッと出て来よった〉（同）。〈「イナカモン（悪い物）は、溝さン（に）流し込め」「キタナカモン（汚い物）は、溝さン掃き込め」ていうてな。それが常識だった。それが当たり前て、誰でも思っとった〉（同）。

新興コンツェルン

橋本彦七のアセトアルデヒド製造工程の特許は、日本のほか欧州などで登録された。「東大・応用科学の一、二番しか入れない」と言われた日窒の技術は日本の産業を牽引する。水俣病が問題になってからも技術の継承は黙々と行われ、液晶、高純度シリコンなど世界の情報化を支える高水準の技術はチッソ（現・JNC）の技術陣が培ったものだ。

日窒は一九一四年、熊本県八代郡鏡町に肥料工場を建設。第一次大戦後の好況にも支えられ、二三年に宮崎県延岡市に工場を稼働させた。アセチレン有機合成化学会社として業界の指導者的立場を占めるようになり、次々に子会社を設立。三〇年頃には子会社一〇社、四〇年頃には三〇社余りに増え、日産などと並ぶ新興コンツェルンの代表格とみなされるようになる。

特記すべきは、日本の植民地だった朝鮮・興南（現・北朝鮮）への進出だ。朝鮮総督府の庇護のもと、野口は電源開発に着手。まず発電所をつくるのが野口のやり方である。三〇年、朝鮮窒素肥料株式会社が操業開始。当時総合化学工場としては東洋一の規模の興南工場を建設した。敷地は一九八〇平方キロメートル。従業員は四万五〇〇〇人。興南工場以外にも水電解、アンモニア合成、硫酸、硫安、油脂などの各工場を建設。東洋一の電気化学コンビナートである。

石牟礼道子はコンビナートができる前の、朝鮮の土地に思いをはせる。〈ここにはどのような生活と日常と、そして村とがあったのであろうか〉（『苦海浄土　わが水俣病』）。道子はチッソ社史を丹念に読む。〈「人情風俗を異にする鮮人の土地買収」には「随分面倒」があったから「警察官の立合いの下に行なわれた」とはどのようなことであろうか〉（同）。〈そこにいた人びとの民族的呪詛が死に替わり死に替わりして生きつづけている〉（同）と痛切に記す。

朝鮮工場でも四一年、アセトアルデヒドの製造を始めた。有機水銀を含む廃水を日本海へ放流したのだ。排水による被害は確認されていないが、まとまった量の有機水銀が日本海に流れ出たのは事実である。日本海の荒波で希釈されたのか。

第二次大戦終結。日窒は総資産の八割に及ぶ海外資産のすべてを失う。朝鮮から引き揚げてきた幹部や技術者が水俣工場の指導者層となった。橋本彦七のような有能な社員が問答無用で押しのけられている。アフガニスタンでのタリバン復権（二〇二一年）を思わせる。植民地での自己本位で高圧的な態度を水俣に持ち込み、民衆を徹底的に軽んじた結果、安全性への配慮が欠けて水俣病につながった、という見方がある。

日窒は、GHQ（連合国最高司令官総司令部）による財閥解体の対象となり、水俣工場を唯一の工場として再出発。延岡工場は旭化成として独立し、一部社員が積水化学を設立した。水俣工場は大戦末期の四五年三〜八月、数回にわたり爆撃を受け、大きな被害を受けた。生産品の半分が軍需品だったのだ。戦後、政府の傾斜生産方式の対象となって肥料の生産を再開した。

わずか二年で戦前の生産レベルを回復、高い技術力をもつ業界一位の総合化学企業として返り咲く。五〇年、社名を新日本窒素肥料株式会社と変更（資本金四億円）。同年、橋本彦七が市長になり、市議会は日窒社員が多数を占めた。水俣市の行政を自らの支配下におき、固定資産税の優遇措置や水俣川の水利権の独占使用などが行われ、工場廃棄物で埋まった水俣港湾底の浚渫《しゅんせつ》までが税金でなされた。

チッソ株式会社という社名になったのは六五年（資本金七八億円）。元素名を社名にするところに、空気中の窒素を原料とする技術に先鞭をつけた会社であるとの誇りがにじむ。水俣市制がスタートした四九年の人口は四万二二七〇人。水俣村施行時（八九年）の一万二〇四〇人より三万人余り増えた。日窒とともに水俣市は発展する。五六年、久木野村と合併して人口は五万四六一人となった。水俣病公式確認の同年が人口のピークだった。

第二章　闘争前夜

異変

〈漁師ならだれでん見とるけん。百間《ひやつけん》の排水口からですな、原色の、黒や、赤や、青色の、何か油のごたる塊りが、座ぶとんくらいの大きさになって、流れてくる〉(『苦海浄土　わが水俣病』)。

不知火海に異変が起こりつつあるのを、漁師は敏感に感じ取っていた。海と身近な水俣の漁師一三人が一九五〇～五七年の海を、六九～七〇年に対談形式で回想した資料がある(西村肇、岡本達明『水俣病の科学』)。

「工場排水口付近に船を繫いでおくと船底に船虫がつかず、年に一回やらなければならない船底焼きをする必要がないので、ここに船を繫ぐ人がいるようになった」(五〇年頃)。

「百間港内で、アオノリ、ワカメなどが白く変色し始めるとともに減り始めた」(同)。

「浮いていた魚の種類は、チヌ、タイのほかにスズキ、ガラカブ(カサゴ)、クサビ(ベラ)などであり、小魚に至っては磯に打ち上げられていた」(五二年)。

「月浦、出月、湯堂《ゆど》の海岸や畑でカラスが、湾内の海岸でアメドリが落下するのを度々見かけるようになった」(同)。

「坪谷、七ツ瀬、袋湾などでもタイ、タチウオ、イカなどが浮き、拾って帰るようになった」（五四年）。
「恋路島の水俣湾側は全面的に貝が死んでいた。色は淡緑色でどろっとし、玉子の腐ったような悪臭がした」（五五年）。
「（水俣湾内一帯の）浮いた魚の魚種を多い順に言うと、第一順位がスズキ、ボラ、チヌ（クロダイ）、第二順位がタイ、クロウオ（メジナ）、タチウオである。これは八幡（水俣川河口）の漁師も同じ見方である」（五五〜五七年）。

水俣市漁協は五二年、漁業被害を熊本県に訴える。県水産課水産係長の三好礼治が現地調査におもむく。上司への復命書で三好は「説明を求めたが抽象的説明に終り得る処が少なかった」と会社の対応に不満を述べた上で、「排水に対して必要によっては分析し成分を明確にして置くことが望ましい」と指摘した（水俣病研究会編『水俣病事件資料集』上巻）。行政から何らかの指導があれば、工場も何らかの対応を迫られただろうが、三好の提言は黙殺された。

「猫てんかんで全滅　水俣市茂道《もど》部落　ねずみの激増に悲鳴」。この見出しの記事が五四年八月一日付の熊本日日新聞朝刊に出た。茂道は一二〇戸の漁村である。六月初めごろから猫が狂い始め、地元ではそれを「猫てんかん」と呼んで気味悪がっている。一〇〇匹余りいた猫は全滅――という内容である。

先の漁民対談でも「昭和二九（一九五四）年春頃から出月、湯堂の猫は集団で狂いだした。ある人は、〝だれがうちの猫にネコイラズを食わせたか〟と言い、またある人は〝トカゲを食ったので狂いだしたのだろう〟と言った」という証言が出てくる。魚、カラス、海鳥、猫に続いて、人間の、いわゆる奇病患者が五三年頃から出始める。

公式確認

手足がしびれ、足元がふらつき、言葉がもつれ、目がみえなくなり、歩けなくなる。最終的には犬が吠えるような叫喚を発して、激しい痙攣《けいれん》を繰り返しながら死に至る。

原因不明の疾患が五三年頃の水俣に広がり始めていた。当時、水俣で唯一の総合病院だった新日本窒素肥料株式会社水俣工場付属病院にもそのような症状の患者があらわれ始め、医師を驚愕させていた。

同病院長の**細川一**[5]の手記「今だからいう水俣病の真実」(『文藝春秋』六八年一二月号)によると、五四年六月、ひとりの男性患者(四九歳)が来院。新日窒の倉庫係。サカナとりの名人という。手足や唇のしびれ感、歩行障害、視野狭窄……。眼底検査をしたが異常はみられない。〈わたしにはまったくこの病気の正体がわからず、熊大の先生にも来てもらったが、〝ボクにもわからん〟という返事だった〉。東京に行った折など学者に症状を説明しても「それはなにかの間違いだろう」と言われてしまう。翌五五年八月、同症状の女性患者が来院。夫がサカナとりの

5 細川一(ほそかわ・はじめ、一九〇一~七〇年)愛媛県生まれ。医師。三六年、日本窒素肥料に入社。四一年、水俣工場付属病院長に就任。五六年五月一日、「原因不明の中枢神経系疾患発生」を水俣保健所に報告し、水俣病公式確認の日となった。がんで入院中の七〇年、水俣病裁判の臨床尋問に応じ、工場廃水が水俣病の原因であると証言。患者勝訴の決め手となる。患者を思いやる無私無欲の人柄が石牟礼道子らを惹きつけた。

名人という。男性患者につづいて女性患者も死亡する。

五六年四月初旬、小児科の野田兼喜医師が「子どもがふたり入院し、どうも脳炎のようだが少しおかしい。一度みてくれないか」と言う。五歳と二歳の姉妹。〈大人と子どもの差はあっても、症状はこの二年間で死亡したふたりの患者とそっくりなのである〉。細川は震撼した。内科の医師が同症状の大人の患者を入院させたと報告してきた。〈もう間違いはない。これは、いままで存在しなかった新しい病気の発生である〉。

五六年五月一日、細川の指示で野田医師が「原因不明の中枢神経系疾患が多発している」と水俣保健所（伊藤蓮雄所長）に届け出た。伊藤所長は同病院を訪れ、「目をそむけるような激烈な症状」を確認。県衛生部長から厚生省に連絡が行き、「水俣奇病」の集団発生が公式に確認された。公式確認以前にも同様症状の患者がいた。水俣の開業医らは、脳軟化症、脳腫瘍《のうしゅよう》、小児まひ、精神分裂病、多発神経炎、遺伝性小脳変性、パーキンソン病……などの死亡診断名をつけた。のちに一一人が水俣病と診定された。

五六年五月四日、伊藤所長は県衛生部長に文書で報告。姉妹の姉について〈毎夜不眠となり泣き続け、殆ど食餌をとらずヤクルト一日一本位を摂取し、漸次すい弱す。四月二十三日日窒附属病院小児科に入院す。症状は手及び足の強直性または言語発音不明瞭〉（『水俣病事件資料集』上巻）。

近所の複数の子どもたちも同様の症状に見舞われていると姉妹の母は述べている。〈患者家族は附近十軒位と同一の井戸水を使用しその井戸附近の者に患者が出てゐるので、その井戸水に何か中毒性の有害物があるのではないかと、七日井戸水を県衛生研究所に検査依頼した〉（同）。「井戸水」が〝犯人〟との見立てである。

五六年五月二八日、市衛生課、市医師会、保健所、新日窒付属病院、市立病院の五者から成る「水俣市奇病対策委員会（五七年に市奇病研究委と改称）」が発足。開業医のカルテの点検などで奇病患者が次々に発見された。

五六年七月二七日、新日窒付属病院の入院患者八人を避病院と呼ばれた市伝染病患者収容施設に移送。伊藤所長の「疑似日本脳炎」という判断によるものだ。細川は〈発熱しないことや、脊髄《せきずい》液《えき》の検査から、ほぼ伝染性のないことをすでにわたしは知っていた〉（「今だからいう水俣病の真実」）のだが、伝染病施設への移送に同意する。患者たちはみんな極度に貧しく入院費用が払えない。「日本脳炎」なら公費で入院できるのだ。

避病院は一八九〇年に白浜に開設後、何度か増築され、ベッド数一五の規模で奇病時代も存続していた。平屋建ての古い瓦ぶきの長屋。一・五メートル間隔の仕切り。『新水俣市史』によると、明治、大正時代には伝染病が蔓延し、ときに避病院は満員になった。

〈「わしげン爺《じい》が、コレラで死んだもん。婆は赤痢で、アカハラ云いよったばい。親爺は疱瘡《ほうそう》（天然痘）で死んだ」という増田吉治翁（一八九〇年生まれ）はこう述懐している。「結局疫病にかかると、もう捨てたとも同然ですな。小屋がけして、そこへ連れていって死ぬのを待つ風ですもん。死んだら小積《こつ》んで焼きこくってしまう」〉（色川大吉編『水俣の啓示』所収、色川大吉「近代黎明期の芦北・水俣」）。

奇病患者の避病院入院は「隔離」とみなされた。伝染病の記憶がよみがえる。細川ら医師の善意は皮肉にも差別を助長することになった。消毒は再三再四執拗に行われる。奇病への不安や恐れは高まり、患者とその家族は孤立した。共同井戸の利用を拒まれ、子供は仲間外れにされ、一家で閉じこもるという生活を余儀なくされた。

細川一

細川一ら新日窒付属病院の五人の医師は深夜まで聞き込み調査に忙殺された。手探りの疫学、臨床研究である。奇病よりもまず深刻な貧困を目の当たりにする。

〈板敷きの床に、ボロボロのたたみが二枚、それもたたみ表がなくなって、裏がえしたものが片すみに置かれ、その上にはシラミがびっしりと並び、無数のノミがはねまわっていた。足をふみ入れただけでぞっとするような貧しさ。部屋のすみで手足をひきつけるようにしたまま横になっている患者のふとんは、ほとんど布が残っていない黒ずんだ綿だけで、着ているものも、およそ人間が身につける寝巻きとは思えなかった〉(「今だからいう水俣病の真実」)。

細川は五六年八月二九日、「奇病三〇例の報告書」を厚生省と県に提出。この報告書は石牟礼道子『苦海浄土 わが水俣病』第一章「椿の海」の「山中九平少年」の稿の次の「細川一博士報告書」として載っているものだ。細川は五七年一月、病院の四医師と連名で「水俣奇病に関する調査」を公表した。「奇病三〇例の報告書」よりも症例数を増やした。

まず注目すべきは、患者の数。〈年度別では、昭和二八年一二月に一例、昭和二九年に一二例、昭和三一年には実に三二例〉と公式確認の五六年五月一日以前に多数の患者が発生していることを明らかにしている。職業別では〈漁業を職とする者が圧倒的に多〉い、地域別には〈湯堂、出月、月の浦に断然多〉い。〈猫が多数死亡している。ある部落の如きは、猫が死に絶えたとのことである。又、患者の発生した家では、猫が痙攣を起して死んでいる家が多い。尚、患者の発生に数週乃至《ないし》数ヶ月猫の発症が先行するように思われる〉と猫の死亡にも言及。〈ボラ、エビ、タコ、カニ等（中略）これ等の魚を食べている患者が多く、而《しか》も多量に食べている者に多いようだ〉と踏み込んでいる。「主要症状は言語障碍、歩行障碍、震顫《しんせん》、書字、言語、視力、聴力、嚥《えん》下《げ》、精神等の障碍である。発熱等の一般症状はない。患者発生地域は恋路島内海湾に殆《ほと》んど限られている。地域並に家族集積性が極めて顕著である。猫、魚等と関係ありと想像される」とまとめている。細川らの熱意と、患者を診る目の的確さが、この時点で可能な限り奇病の輪郭を浮き上がらせている。

熊本大医学部は、熊本県から原因究明を依頼され、水俣奇病研究班（のちに水俣病研究班と改称）を設置。五六年八月二四日、奇病対策委との会合を水俣で開いた。一一月三日の第一回の研究報告会によると、〈原因は未だ不明〉としつつ、〈発生が漁夫に多いことから海産食品との関係が一応疑われる現段階である。海産物の特殊の汚染原因と考えられるものとしては新日窒工場廃水である〉と具体名を挙げた。

熊大病院は五六年八月、熊本市の藤崎台分院伝染病棟に五人の学用患者（入院・治療費無料）を入院させた。同分院の最初の奇病患者がのちの闘争で主導的役割を果たす**田上義春**[6]である。義春

6 田上義春（たのうえ・よしはる、一九三〇〜二〇〇二年）熊本県水俣市生まれ。水俣病患者。水俣病互助会長、水俣病補償東京交渉団長を務めた。五六年に水俣病を発病し、七三年、水俣病第一次訴訟の原告として勝訴。東京交渉団長として患者の意見を集約し、補償協定調印にこぎつけた。補償金で水俣高台のみかん園を購入し、支援者の砂田明と自然農園を整備。蜜蜂や鶏、牛を飼った。石牟礼道子、緒方正人らの「本願の会」にも参加した。

の入院後、田中しず子・実子、松田フミ子らが避病院から転院してきた。同分院には偶然、当時三一歳の渡辺京二が入院していた。結核の再発である。

〈当時は奇病と言っておりましたが、その患者さんという方々が、違った病棟におられたということは強く印象に残っております。ただ、当時まだ何が原因であるか分かっておりませんでした。ですから、「えらい悲惨な病人がいるんだな。変な病気があるんだな」ぐらいの関心しか当時は持っていなかったわけであります〉（渡辺京二「水俣から訴えられたこと」）。

厚生省の厚生科学研究班の第一回研究報告会が五七年一月に開かれた。同年三月に「熊本県水俣地方に発生した奇病について」を厚生省に提出。〈魚介類を汚染していると思われる中毒性物質が何であるかは、なお明らかではないが、これはおそらく或る種の化学物質ないし金属類であろうと推測される〉と熊大報告に沿う結論を出した。

水俣湾の魚介類を食べたことによって起きる中毒――。事態を重視した熊本県は漁獲禁止の検討を始める。捕獲や摂食を禁じる知事告示を出す方針を固め、五七年八月、厚生省に食品衛生法の適用の可否を照会した。

答えは「ノー」だった。厚生省公衆衛生局長は五七年九月、熊本県知事に以下のように回答している。〈水俣湾内特定地域の魚介類のすべてが有毒化しているという明らかな根拠が認められないので、該特定地域にて漁獲された魚介類すべてに対し食品衛生法第四条第二《（ママ）》号を適用することは出来ないものと考える〉。

広い範囲の漁獲禁止がもたらす社会的影響を国は心配したのだろうか。被害拡大を阻止する手段は失われた。当時、熊本県公衆衛生課長の守住憲明は〈私はこれでもう打つ手はないなと部下にもいいました。本省がこれじゃもう何もやれないと。がっかりしてやる気なくなっちゃった〉と述べている（岡本達明『水俣病の民衆史』第三巻）。

水俣工場は五六〜六〇年頃、戦後発展のピークを迎えていた。工場は、排水が奇病の原因であることを否定。何の対策もとらず、患者発生拡大、漁業被害甚大化の一途をたどる。

水俣病が公式確認された五六年は、経済白書が「もはや戦後ではない」と書いた年である。〈我々はいまや異なった事態に当面しようとしている。回復を通じての成長は終わった。今後の成長は近代化によって支えられる〉というのである。五五年から高度経済成長が始まり、七三年までの一八年間、年平均一〇パーセントの経済成長を達成するのだった。

テレビ報道などで水俣の奇病は全国的に知られつつあった。第一次戦後派の巨匠、武田泰淳（一九一二〜七六年）は野口遵、新日本窒素肥料、水俣病を素材とした短編小説「鶴のドン・キホーテ」を五七年に発表。患者団体が同年に発足したばかり。驚くほど早い時期の作品化である。石牟礼道子『苦海浄土　わが水俣病』（六九年）より一二年も早い。社会派推理小説でデビューした水上勉（一九一九〜二〇〇四年）も『海の牙』を六〇年に刊行。水俣病を〈白昼堂々と、大衆の面前で演ぜられている殺人事件〉とみなし、海辺の村での見聞をベースに被害者の食習慣や言語障碍、歩行障碍など症状をリアルに描いている。

排水口変更

魚介類の売り上げは激減した。水俣市漁協は五七年一月、被害対策委員会を設置。新日窒に対し、〈汚悪水の海面への流出を直ちに中止すること〉〈海面へ流出するについては浄化装置を設置して浄化の上無害を立証されたものとすること〉の二点を要求した。これに対し新日窒は「排水の性状は四八年、四九年頃と変わっていない」とはねつける。

しかし、「排水の性状は」変わっていたのだ。当時、水俣工場長だった西田栄一の証言がある。七六年の検事調書である。〈調べてみると、工場排水の酸度が強く、見た目に一番悪いのは赤色をした硫酸ピーボディ塔廃水で、大雨のときなど酸化鉄が沈殿しないまま百間港へ流出していました。それで、工場内に沈澱池をつくらせましたが、それでも十分に沈澱しないので、昭和三二年八月から八幡プールに送るようにしたものです。（中略）アセトアルデヒド廃水は、クロトン、酢酸、硫酸などを含んでいるので八幡プールに送って中和し、また水銀、硫酸鉄などを含んでいるので固形物を沈澱させようとしたのです〉（『水俣病の科学』）。

石牟礼道子は排水口変更を水俣病事件の節目の出来事としてとらえている。〈私の村の日窒従業員たちは、八幡排水口が設置される直前から、「排水口ば、こっち持ってくるけんね、こっちの海もあぶなか。もう海にゃゆくな。会社の試験でも、猫は、ごろごろ死によるぞ」と、家族たちに、「秘密ぞ」と前置きしていいつけた〉（『苦海浄土　わが水俣病』）。

八幡プールとはアセチレン発生残渣（カーバイド残渣）の捨て場である。水俣川河口の八幡地先の浜を囲い、拡張とかさ上げを繰り返していた。アセトアルデヒド廃水の八幡プールへの排出には、社内で反対意見もあった。細川医師もそのひとりだ。奇病患者発生地域が広がってしまえば、アセトアルデヒド廃水が〝犯人〟だと自ら立証することになる。

しかし、新日窒は五八年九月、八幡プールへの排水口変更を強行した。従来の排水口がある水俣湾とは比較にならないくらい広大な不知火海だと排水が希釈されると期待したらしい。

〈人びとは、目の前で流れおちる工場排水を鼻をつまみながら指さして眺め、川の表面から底の方まで厚みをつくって、のたうちまわっては白い腹をみせて浮きあがったりする大小無数の魚のむれを、思案げに眉を寄せて眺めていた〉(同)。

タチウオ、チヌ、グチ、ボラ……。水俣川河口一帯で魚の斃死《へいし》(ふらふらして死ぬこと)が激増する。「猫おどり病」の地域も水俣の北に隣接した葦北郡や天草の島々に広がった。五九年には一六人の発病が明らかになる。患者発生地域が水俣湾から不知火海一帯に一挙に拡大した。

水俣市漁協にとどまらず、葦北郡や天草の不知火海一帯の漁協が排水停止と漁業補償を求める大規模な紛争に発展するのである。

有機水銀説

「奇病」とは水俣特有の呼び名ではなく、日本の医学者が原因不明の風土病に対してつけた慣用語である。環境省の国立水俣病総合研究センターによると、初めて「水俣病」を用いたのは熊本大の武内忠男教授だ。〈中毒性因子が確認されるまでは本症を水俣病と仮称することにしたい〉(水俣病〔水俣地方に発生した原因不明の中枢神経系疾患〕の病理学的研究〔第二報〕)(五七年六月)と記している。一年半ぶりに患者が発生した五八年八月から新聞社は一斉に「水俣病」と書き始める。

五九年七月一四日、熊大研究班は〈水俣病は現地の魚貝類を摂食することによって惹起される神経系疾患であり、魚貝類を汚染している毒物としては、水銀が極めて注目されるに至った〉とする報告書を厚生省食品衛生課長に提出した。武内教授は「有機水銀」という表現をとりたかったが、班全体の賛同が得られず、「水銀」にとどまったという。研究班は同二二日、〈水俣病の原因物質は水銀化合物特に有機水銀であろうと考える〉と踏み込んだ見解を公表した。

有機水銀にたどりついたきっかけのひとつが四〇年にイギリスのハンター、ラッセルの両医師が書いた論文である。農薬工場の労働者がメチル水銀蒸気を吸い込み、四人が重度の中毒になった事件に関し、四肢のしびれ感と痛み、言語障害、運動失調、難聴、求心性視野狭窄など、その症状を報告している。「ハンター＝ラッセル症候群」と呼ばれる。武内教授らは、論文の症状が水俣病と一致することに気づく。水俣湾底の泥の水銀含有量が百間排水口から遠ざかるほど低下するデータを示す教授も研究班にはいた。

原田正純『水俣病』によると、水俣病と有機水銀との関係に最初に着目したのは英国の神経学者マッカルパインである。五八年三月、多発性硬化症の研究のため熊大を訪れ、水俣で水俣病患者一五人を診察。ハンター＝ラッセルの報告した有機水銀中毒にきわめて類似している、と述べたのだった。

熊大の有機水銀説に対し、新日窒は「実証されていない推論」と反論。〈アセトアルデヒド合成の際にも、塩化ビニール合成の際にも、有毒な有機水銀化合物が生成すると云ふ事実を我々は現在迄認めていない〉（「所謂有機水銀説に対する工場の見解」）という。有機水銀というなら、無機水銀が有機水銀に変わるメカニズムを明らかにしろ——会社側の主張である。

日本は高度成長の入口にあり、主要原料の供給元の新日窒は国が守るべき会社だった。新日窒が所属する業界団体・日本化学工業協会は警戒心をあらわにした。新日窒が責任を問われるならば、アセトアルデヒドを製造している会社は今後、なだれをうって責任を問われることになる。新日窒の段階でなんとしても食い止めたいという思惑があった。

爆弾説とアミン説

「羅病地は海軍特攻隊及び陸軍軍需品輸送基地だった。月の浦と湯堂に近い湾内に多量の航空爆弾やその原料が投棄され、年月をへて容器または弾体が腐食または破損して薬物が投げ出された」。五九年九月九～一四日、日化協の大島竹治・常務理事が水俣で調査を行い、「水俣病原因に就いて」と題した報告書を出した。旧日本軍が投棄した爆弾が水俣病の原因だとする、荒唐無稽、奇想天外な内容である。

新日窒は大島に同調し、有機水銀説への反論に〈終戦時遺棄投入された軍需物資に強い疑いを持っている〉と〝爆弾説〟を支持する文言を入れる。一〇月七日、吉岡喜一・新日窒社長は旧日本軍の爆弾の調査を県知事に申し入れる。爆弾説は民衆の一部の注目をあつめたが、結局、当時の事情を知る元海軍少尉の証言で、事実無根と判明した。

今度は御用学者の出番である。五九年八月二四～二九日、清浦雷作・東工大教授が水俣湾の水質調査を行った。調査の結果、水俣湾内外の水銀濃度は（水銀による魚の致死量〇・〇四よりも）〈はるかに低く千分の一か一〇万分の一の結果が出た。熊大の水銀説は根拠のないことではないが慎重に取扱うべき問題で推論は世間をまどわすのでいけない〉と「有機水銀説」は「推論」だというのである。

清浦教授はさらに六〇年四月一二日、「アミン説」を打ち出す。魚介類が腐敗し、細菌分解により有害な有機アミンが生じたのが水俣病の原因とするものだ。全国紙がアミン説を紹介した。その科学的根拠を確認して掲載したのではなく、「東工大教授の説」だから載せたのだ。アミン説は注目され、相対的に有機水銀説への注目度が低下する。有機水銀説はいろいろ説があるうちのひとつということになってしまう。

当時、熊大研究班にいた徳臣《とくおみ》晴比古助教授は後年、〈この方（清浦）は医学と全く無縁の人で、昭和三十五年、久留米で開催された日本神経精神学会総会に出席し何か質問したように思うし、その翌年のローマでの世界神経学会にもローマまで来て出席していた。全く場違いの領域によくもノコノコと顔を出し、反論らしきものを展開できるものだと呆れていた〉（徳臣晴比古『水俣病日記』）と憤懣《ふんまん》を込めて回想している。

六〇年代前半、新日窒に代わって有機水銀説への反論・異論をとなえる役割を日化協が担う。反論・異論をとなえる場として日化協は田宮猛雄・日本医学会会長をトップとする水俣病研究懇談会を発足させた。田宮会長の名をとって、「田宮委員会」と呼ばれた。清浦教授もメンバーである。アミン説を支持した戸木田菊次・東邦大教授もいる。原因についてはさまざまな見方がありまだ確定していないという田宮委員会内の言説がそのまま報道され、世論を形成していくのである。

産業性善説

原因が確定していないとはいえ、工場排水が元凶なのはだれの目にも明らかだった。事態を見過ごすことができなくなった厚生省は五九年一月、諮問機関・食品衛生調査会に水俣食中毒特別部会（部会長・鰐淵健之《わにぶちけんし》熊大学長）を設置。メンバーは熊本大医学部教授や水俣保健所長らである。

同部会は一一月一二日、水俣病関係の各省連絡会議で「水俣病の主因をなすものはある種の有機水銀」と答申した。厚生省肝いりの専門部会の結論である。

畑違いの通産省の軽金属工業局長が猛然と反論。「この種の化学工場は内外でたくさん実在している。新日窒が元凶であれば、現在までに同じような病気が出ているはずだ。有機水銀中毒というが、工業過程では無機水銀は触媒として使っている。この無機がどのようにして有機化するか、その過程は明らかでない」と言うのだ。

温厚で知られる鰐淵も怒りを抑えきれなかった。〈黙って聞いておられた鰐淵先生は突如立ち上がり、「研究陣は長い間、苦心惨澹《さんたん》してこの現実を実証した。それを何一つ手伝うこともせずして頭から否定するとは何事か」と怒髪天を衝《つ》いて目の前にあった灰皿を投げつけ、席を蹴って退席された〉と徳臣晴比古がのちに回想している(『水俣病日記』)。

翌日の閣議で答申が報告された。池田勇人通産相は「有機水銀が工場から流出したとの結論は早計」と発言。「こういう調査は慎重に取り扱ってほしい、工場の廃液だと即断されて、一部の思惑にのり、つまらぬ議論を背負いこみかねない」と池田は渡辺良夫厚生相を叱責した。池田は吉田茂、岸信介の流れをくむ実力者である。答申は閣議了解とならず、部会は解散となった。理不尽な展開である。工場排水が汚染源であるとの確定を遅らせようとする通産省の意思が強く感じられる。「重大段階で解散させられたのは残念」と鰐淵は無念の思いを述べた。

通産省から経済企画庁水質保全課に出向していた課長補佐(当時)は証言する。〈「頑張れ」と言われるんです。「抵抗しろ」と。(工場排水を)止めたほうがいいんじゃないですかね、なんて言うと、「何言ってるんだ。今止めてみろ。チッソが、これだけの産業が止まったら日本の高度成長はありえない。ストップなんてことにならんようにせい」と厳しくやられたものね。高度成長期の真っ最中というか、はしりぐらいのところ、追いつけ追い越せの時代だったわけですよね。だから産業性善説ですよ、産業性善説。漁業が産業じゃないとは言わないけどね。時代がそういう時代だったんです〉（NHK取材班『戦後五〇年その時日本は』第三巻）。

新日窒、業界団体、行政が一致団結して推進した〝原因究明遅延作戦〟は奏功する。有機水銀説を封じ込めた池田勇人は翌六〇年、首相となり、「所得倍増計画」を推し進めていくことになる。有機水銀を含む廃水の放出は続いた。原因究明のおくれは、新潟における第二水俣病の発生を許す一因ともなった。

漁民暴動

水俣市の鮮魚店組合が「水俣産魚介類の不買声明」を出すに至って、漁民の怒りは江戸時代の農民一揆を思わせる水準に高まる。水俣市漁協は五九年八月、新日窒に漁業補償やヘドロの除去を要求。交渉会場に組合員が乱入してけが人が出る騒ぎになる。水俣市長らのあっせんで、「水俣病被害の補償ではない」と断った上で、漁業補償三五〇〇万円、年額二〇〇万円――などで決着した。

水俣市のみならず、天草や八代、芦北の漁民らも決起する。不知火海沿岸の各漁協は水俣工場の操業停止や補償を求める。五九年一一月二日、各漁協の漁民約二〇〇〇人が水俣市に集結した。当時、水俣入りしていた衆議院議員の水俣病調査団への陳情と、一〇月に一度拒絶された団体交渉を申し入れるためだ。

市立病院で国会議員に陳情した漁民は、水俣駅に向けてデモ行進。当初は駅前で総決起大会を開くはずだったが、一部の漁民が水俣工場の正門前に殺到。鉄条網を補強した工場側は団交を拒否する。デモ隊は門をこじ開け、約一〇〇〇人が工場に乱入した。殺気だった漁民らは事務所や守衛室のガラス窓などを壊した。警官隊と衝突し、双方に一〇〇人以上の負傷者が出た。国会議員の車列は流血の現場を音もなく通過してゆく。

御所浦島大浦から船団を率いて参加した白倉幸男は指揮車から漁民の乱入の様子を目撃した。〈えくろうて（酔っぱらって）お宮のちょうど御輿《おみこし》かつぎのような。こら、おおごとばいと思って。騒ぐな騒ぐなって、こうするばってんかな、あっどもから見れば進め進めて思ったんでしょうな。わんわんわんわんいうて、ああた、指揮車より先に駆けていったもんな。さあ、チッソの正門に着いた。着いたところが前に橋がある。橋のらんかんば、よいさよいさと引き抜いて、人間の力て大したもんですな。ちょうど大石内蔵助《くらのすけ》の打ち入りと同じこってすたいね。やんやんいうて門ば打ち毀《こわ》して〉（『水俣の啓示（下）』所収、色川大吉「不知火海漁民の決起」）。

正門突破の先鋒を務めた田浦の大丸《おおまる》清一は漁民が工場長室に突入して西田栄一工場長を殴打する様子を目撃した。西田は右の耳と頰に全治一〇日の裂傷を負った。殴った漁民は相手が工場長であることを知らなかった、もし知っていたら、殺していた、という。〈私らはその工場長の顔なんかやはり知っちゃおらんけんですね。そら知っとったとなら、恐らく生きちゃおらんかったでしょうな。そら叩っ殺しとったですよ、そん時には。こりゃですね、工場のために、もう何百人の人間が死んどっと、だけんですね、……もう私の網子《あみこ》やったって六人ですかね、もう水俣病にかかっとるですから〉（同）。

不知火海沿岸の漁民は県知事ら五人による不知火海漁業紛争調停委員会の仲介で、補償金三五〇〇万円、融資六五〇〇万円の調停案を受け入れた。補償金から工場損害額の一〇〇〇万円を差し引かれた。漁民側の幹部三人が執行猶予付きの懲役刑、五二人が罰金刑を受けた。

環境学者の**宇井純**[7]は、五九年一一月一〜三〇日の朝日新聞の東京版を調べ、水俣病が社会面のトップ記事になったのは一回だけだったと述べている（富田八郎『水俣病』）。その一回が一一月二日の漁民暴動である。記事は水俣病の状況にはほとんど触れず、暴徒が工場を襲ったという、治安事件の側面のみ強調された。九州では時々ニュースになる水俣病問題も東京の視点からは辺境の些事であった。

漁民暴動後の一一月七日、水俣市長、市議会議長、商工会議所、農協、新日窒労組、地区労など漁民を除く二八団体「オール水俣」の代表五〇人が熊本県の寺本広作知事を訪問。「水俣工場の廃水停止は困る」と陳情した。「市税総額一億八〇〇〇万円の半分以上を工場に依存し、また工場が一時的にしろ操業を中止すれば、五万市民は何らかの形でその影響を受ける」というのである。多数の暮らしの維持のためには少数の犠牲はやむなし、ということを露骨に言っているのだ。

宇井は六二年頃、石牟礼道子と知り合った。医学が胎児性水俣病を認めた年である。道子は宇井に「悔しいけれど（チッソに）歯が立たない。でも、だれも読まなくても記録だけはしておこう。ゴキブリかネズミが、そのうちに知能を持つようになったら、人間はこんなバカなことをしたんだと言うだろう」と話した。

宇井は六四年三月、写真家の**桑原史成**[8]とともに、新日窒を退職した細川一元院長を愛媛県大洲市に訪ね、猫四〇〇号実験と経緯を記した細川ノートの存在を突き止めている。六〇年から水俣病患者を撮影している桑原は宇井の盟友的存在。のちに胎児性と診定される未認定の乳児と母など貴重な写真を多数撮っている。ユージン・スミス（一九一八〜七八年）は七〇年、桑原の水俣病写真集をニューヨークで見て水俣行きを決めたのだった。

猫四〇〇号

新日窒が五八年に排水口を水俣川河口の八幡プールに変更する際、新日窒付属病院長の細川一は「河口周辺で新たな患者が出たら工場が犯人だという証明になる」と反対した。「工場が黒なのか白なのかはっきりさせたい」と細川は猫実験に没入する。直接水銀を扱う精留塔ドレーンから採水せねばならない。会社への遠慮もあり逡巡したが、五九年七月、廃水をとることができた。

実験開始は熊大研究班が有機水銀説を発表する前日の五九年七月二一日である。毎日二〇ccず

7　宇井純（うい・じゅん、一九三二〜二〇〇六年）東京都生まれ。環境学者。公害問題研究家。自らが勤務した工場で水銀を流した経験から水俣病を追い始めた。富田八郎（とんだ野郎）のペンネームで『水俣病』を刊行。新潟水俣病の民事訴訟では弁護補佐人として水俣病の解明に尽力した。東大助手として公開自主講座「公害原論」を七〇年から一五年間続けた。水俣病研究会にも外部から協力。著書に『公害の政治学 水俣病を追って』など。

8　桑原史成（くわばら・しせい、一九三六年〜）島根県生まれ。東京都在住。報道写真家。六〇年七月、水俣市立病院の水俣病専用病棟で水俣病患者を取材、のちに胎児性と診定される未認定の乳児や母らを撮影。六五年、初の水俣病写真集『水俣病』を刊行。その後も水俣での撮影をつづけ、写真集を出すかたわら、宇井純、石牟礼道子らと親交を結ぶ。桑原の写真は米国写真家ユージン・スミスを触発し、スミスが水俣に行くきっかけとなった。

つ基礎食にかけて猫に与える。実験開始から四〇〇匹目の猫なので猫四〇〇号と名づけた。白黒のメス。体重三キロ。〈餌をやりにいくと、よくなついてノドをゴロゴロと鳴らしたりする。その猫の発病を待つ気持には、ちょっと耐えがたいものがあった〉（「今だからいう水俣病の真実」）。発病する経緯を以下のように記述している。

〈昭和三四・七・二一　実験経過

七／二一　開始

一〇／六　症状発現　元気なく、うずくまる。檻内で少しよろめく。食欲あり。外へ出して歩かせると後肢の麻痺が軽度に認められる。手の光沢なし。

一〇／七　朝食後間もなく間代性痙攣発作並びに跳躍運動（一分以内）を認める。外に出してみると失調、振顫が著明で元気なし。更に一回、間代性痙れん発作（瞳孔拡大、よだれ）襲来す。

一〇／八　午前に一回、午後に二回、痙れん発作並びに跳躍運動あり。食欲かなり良好。

一〇／九　朝食後痙れん発作（一分二〇秒）あり。痙れん発作中より流涎を認める。又失調、しんせんを認めた。摂食の中、前肢で食物を押えて食べようとしてもうまく食べられない。首を持って吊り下げると後肢を曲げる。元気もかなりあり、食欲も比較的よい。

一〇／二一　痙れん発作後回走運動（壁にぶつかり方向転換し、走り回る）

一〇／二四　回走運動二回あった。次第に衰弱し全く元気、食欲なし。体重 1.8 kg　屠殺解剖す。標本は九大へ送る〉（「細川一ノート」）。

実験開始から三カ月目の一〇月二一日、回走運動があった。回走運動というのは、よだれを垂らしてけいれんを起こしてうずくまる、走り出して壁にぶつかる——など、よけるということができない状況をいう。「水俣病に酷似している」と細川医師は考えた。九大に猫を送って病理所見を求める。結果は「小脳の顆粒細胞の脱落、消失が著明である。プールキンエ細胞にも変性脱落がみられる」と水俣病の蓋然《がいぜん》性が高いというものだった。アセトアルデヒド工程と水俣病の因果関係は決定的になった。

猫の発病を細川は一〇月二一日に会社の技術部に連絡した。技術部からさっそく見に来た。別の猫でさらに実験を継続しようとアセトアルデヒド工程にふたたび廃水をとりにいくと、今度は拒まれた。社の上層部の意向のようだった。一一月三〇日、社内の研究班会議が開かれ、「猫実験は今後一切やめる」と言い渡された。〈ここでケンカしてしまっては、これから先の実験ができなくなると思い、わたしは一時研究を中止して次の時期を待とうと思った〉(「今だからいう水俣病の真実」)。

その後、工場長交代など状況が変わり、猫実験は六〇年八月に再開された。細川医師と新たに技術部長になった市川正の名をとって試料は「H・I液」と呼ばれた。H・I液を投与した結果、六匹中四匹が約五〇日間で発病した。この結果も極秘となる。

六一年末から六二年初め頃、水俣工場技術部の技術者がアセトアルデヒド工程からメチル水銀の抽出に成功している。入社したばかりの若い技術者だ。青雲の志で実験に取り組んだのだろうが、この成果は秘せられ、まもなく子会社に異動になった。

サイクレーター

熊本大の有機水銀説を受け、不知火海一帯の漁民は排水停止を要求した。静観できなくなった通産省は五九年一〇月二一日、「水俣川河口への排水中止と排水浄化装置の早期完成」を新日窒に指示した。

水俣工場にサイクレーターという排水浄化装置ができた。五九年七月に発注され、六〇年三月に完成予定だったが、突貫工事で完成を早めたのだ。内径約一八メートル、高さ約五メートル、内容積一二〇〇立方メートルの円筒形建造物。総工費約一億円。廃水に含まれる固形物を沈澱させ濁った色を透明化するのが目的である。工場長だった西田栄一は「この装置を計画したのは有機水銀説の出る前ですから、水銀の除去は目的にしていません」と七六年の熊本地検の取り調べに対して供述している（『水俣病の科学』）。

メーカーの担当者は「サイクレーターは当社の廃水中和・固形物沈澱装置の名前です。アセトアルデヒド廃水は最初から注文仕様に入っていません。水銀の除去は、事前打ち合わせの話題にすらなりませんでした。もちろん、有機水銀は除去できません」と八五年の関西水俣病訴訟第一審で証言している（同）。サイクレーターとはチッソの欺瞞性を象徴する物件なのだ。

〈優秀なる新浄化装置／新日窒水俣工場／きのう盛大に完工式〉。一二月二五日の熊本日日新聞は三段の見出しで一二月二四日のサイクレーター完工式の模様を伝えている。西田栄一工場長は「浄化装置から百間港排水溝へ流される水は水俣川の川水よりきれいになる」とコメントした。吉岡喜一社長が処理水と称した水を飲むパフォーマンスまでしてみせた。

水銀除去効果のないことを知っていた新日窒はアセトアルデヒド工程の廃水を当初、八幡プールに送り、サイクレーターには流さなかった。この日も同様だ。六〇年一月二二日からやっと廃水は八幡プールからサイクレーターに送られた。

排水は安全になった。行政など第三者機関による検証ができない以上、会社の言い分を信じるしかない。熊大研究班ですら、「もう新たな患者は発生しない」と信じた。六一年以降に発症した患者が認定を一時拒まれた理由のひとつである。

完工式に出席した寺本広作・熊本県知事は「(社長がサイクレーターの処理水を飲んだのは)悪意の演出とは思わなかった。サイクレーターが動き始めるともう患者は出なくなると思った。不明というのほかはない」とのちに反省の弁を述べている(寺本広作『ある官僚の生涯』)。

患者家庭互助会

水俣奇病罹災者互助会(のちに水俣病患者家庭互助会と改称)が五七年八月一日、発足した。初めての患者団体である。会長には**渡辺栄蔵**[9]が選ばれた。のちに水俣病一次訴訟の原告団長になり、六九年の提訴時に「今日ただいまから、私たちは、国家権力に対して、立ちむかうことになった

9 **渡辺栄蔵**(わたなべ・えいぞう、一八九八~一九八六年)熊本県宇土市生まれ。露天商などをへて漁業。水俣病第一次訴訟原告団長。水俣病患者家庭互助会初代会長を務めた。三一年から水俣に住み、一家全員が水俣病と診断された。五七年に同互助会結成。五九年に補償要求を掲げ、水俣工場正門前に座り込む。加害企業や行政との折衝に精力的に取り組み、支援団体の集会などにも積極的に参加した。

のでございます」と水俣病事件史に残る挨拶をした。

互助会は五八年九月一二日、桜井三郎県知事に「嘆願書」を出した。〈病源も判明せず従って対症療法もわからず滋養物の摂取が唯一の療法〉として、〈病気の原因を早く究明して下さい〉〈患者の治療費並に栄養費の支給をお願いします〉の二点を求めている。

注目すべきは、〈工場の排水により汚染された事により原因があるとしても、何等の対策もなく排水を許可してゐるのは国でありその責任の一半は国にあるものと存じます〉といち早く国の責任に言及している点だ。国に代わっての県の回答は〈現在は法にしばられて支給できない〉というものだった。

五九年九月一七日、互助会は市に運動資金の助成を要望する。その足で新日窒水俣工場に行き、庶務課長と面会。「工場廃液が原因と信じているので、化学的証明がなくてもなんとか考慮されてその措置を講じていただきたい」と要望。課長は「会社としてはいまのところ責任はない」と答えた。

互助会は一一月二五日、〈水俣病は貴工場の排水に依って発病し死亡したる事は社会的事実〉と工場に一人当たり三〇〇万円の補償を要求。同二八日、工場は「当工場に責任があるかどうか明らかでありません」と拒否した。同日午後、互助会は工場正門前で座り込みを始めた。生活は切迫しており、交渉を拒まれる以上、実力行使もやむを得なかった。一二月一二日に県知事が調停を表明。座り込みは一二月二七日まで続いた。

のちに胎児性と判定される子供を背負って座り込みに参加した主婦の手記がある。

〈私も子供をおぶって、皆様と一緒に参加しました。とても風が冷たかった。又、世間の目も冷たかった。寒風の中で、ムシロを敷いて、役員の方達に望みをもってがんばったのです。私は二、三枚のおしめとミルクを持ってすわり続けた。一日中、寒さの中でミルクもおしめも冷たくなっていました。

又雪降る中で、傘もささず、カンパ資金をしたこともありました。忘れもしません、米ノ津にカンパに行った時、道端にすわっていた人が、とつぜん叫び出した。「なんや、おはんたちは。帰れや。おはんたちのお蔭で、おいどがボーナスも少なかつじゃ、ちった、おいどがこつも考えてんもらわにゃ」〉（『水俣市民会議ニュース』六八年五月一七日）。

当時、勤続二〇年の新日窒水俣工場工員だった鬼塚巌（一九二八〜九八年）は〈従業員としても労働組合員としてもですよ、この患者をみる目には怒り、いきどおりちゅうか、憎しみこめたもんじゃったつな〉と回想している（鬼塚巌『おるが水俣』）。〈おっどが会社ばいっ壊しとって、ひいては、おっどが飯茶碗ば叩き落とすとは何んことか〉〈漁民の勧進ど（も）が会社をたた（祟）りにきて——銭もうけばしょうと思って、会社にせびりに来たっか〉（同）。

今回の県知事の調停では、互助会はなぜか当事者と認められていない。調停委と会社が話し合いをし、市長が案を互助会幹部に提示する。互助会は案を受諾するよう説得を受けるだけなのだ。

このやり方では会社の意向のみが尊重される。「年金が大人一〇万円、子供一万円」という案が示され、患者家族のあいだに対立を引き起こした。子供がいる家族は子供の補償額が低すぎると主張。大人だけの家族に譲歩しようとせず、互助会は事実上の分裂状態に陥る。

一二月二五日、子供の年金を一万円から三万円に上げるという案を、調停委が出した。市長と議長が患者らに受諾を迫る。同二七日、市長と市議会議長は渡辺栄蔵ら互助会幹部四人に互助会全員を説得するよう要請した。

渡辺会長らの説得は不調に終わる。三役と交渉委員二名が辞任を表明。テントを去るときに副会長が「もうこれでしめえばい。もう俺共も打ち切るばい。もらわんとかな、決めんとかな」と捨て台詞を吐いた。子供の補償額にこだわる患者家族への恫喝《どうかつ》である。〈遂に全員三〇名共残念ながら涙を呑んで調停案を呑む事に決定した。全員泣く思いで一杯〉（「竹下武吉（患者家族）メモ」五九年一二月二七日）。市長と議長の切り崩しが奏功。大きな力が小さな声を圧殺してしまったのである。

見舞金契約

五九年一二月三〇日、互助会と新日窒は契約書を締結した。「見舞金契約」である。会社の責任を前提とした「補償金」ではなく第三者の善意としての「見舞金」を受け取るのだ。新日窒にしてみれば見舞金は〈水俣病災害に対する隣人愛の現われ〉（『水俣工場新聞』六〇年一月二〇日）なのだ。死亡者は一時金（大人発病のときから死亡のときまでの年数×一〇万円、子供同×三万円、プラス弔慰金三〇万円、葬祭料二万円）、生存者は一時金（大人発病のときから五九年一二月三一日までの年数×一〇万円、子供同×三万円）と年金（大人六〇年以降年一〇万円、子供三万円、成人に達した後五万円）ということになった。

見舞金額の基準となったのは、珪肺《けいはい》患者（職業性肺疾患）や洞爺丸《とうや》（海難事故）、紫雲丸《しうん》（同）などの被害者に支払われた補償金だという（富田八郎『水俣病』）。見舞金をもらったことによって、生活保護を受けていた家庭は支給を打ち切られた。超低額の屈辱的契約にもかかわらず、互助会長の渡辺栄蔵は「新日窒あっての水俣という気持ちは変わりなく、また今後も仲良くやっていきたい」という談話を出した（『熊本日日新聞』五九年一二月三一日）。控え目な文言に、水俣での、新日窒の影響力の大きさがうかがえる。

注目すべきは、〈乙（患者）は将来水俣病が甲（新日窒）の工場排水に起因することが決定した場合においても新たな補償金の要求は一切行わないものとする〉という条項があったことだ。このとき会社側は猫四〇〇号実験の結果を知っている。〈水俣病が工場排水に起因する〉ことを知りながら、この条項を入れたのだ。のちの水俣病裁判で「公序良俗に違反するから無効」と断罪されることになる。

見舞金契約の五日前、五九年一二月二五日、水俣病患者診査協議会がつくられた。それまでは水俣市奇病対策委員会（一九五六～五九年）が患者診定を行ってきた。見舞金契約第三条〈本契約締結日以降において発生した患者（協議会の認定した者）に対する見舞金については甲はこの契約の内容に準じて別途交付するものとする〉の中の〈患者（協議会の認定した者）〉というくだりが重要である。〈これによって診査協議会の医学的な体質は消滅し、チッソの患者認定（補償を受けとる資格があるか否かの判定）の下請機関として生まれ変わるのである〉と原田正純は『水俣病』に書いている。〈結果的に医学的な立場が放棄され、どのような患者に補償金を支払うかという、補償の対象を選別する作業になっていく〉（原田正純『慢性水俣病・何が病像論なのか』）のだ。

見舞金契約はその後、物価変動などに伴い六九年六月まで七次にわたり改定される。六四年の交渉の席で患者のひとりが「裁判で黒白をつけよう」と言ったときの工場総務部長の発言を宇井純が記録している。

〈やれるものならやってごらんなさい。厚生省や企画庁でも結論はでていないし、第一、弁護士だけではない、検事でも裁判官でも、こっちが手をまわせばお前らの話なんか誰が信用するもんか。それに裁判にかけるほどお金があるのかね〉(『公害の政治学』)。

わずかな見舞金をねたむ人もいた。「奇病分限者《ぶげんしゃ》」とか「ゼニばもらってよかね」などの心ない言葉を浴びせてくる。病苦と貧窮と社会的差別の三重苦である。

「水俣病は終わった」

厚生省食品衛生調査会水俣食中毒特別部会の解散、漁業補償、サイクレーター、見舞金契約……。五九年は、水俣病をめぐる状況が急展開した。自然にそうなったというより、不自然な、作為的なものが感じられる。新日窒、行政、業界団体などが権力を最大限行使して、水俣病問題を無理やり終わらせてしまった「水俣病始末」(土本典昭)の年なのだ。

〈一九六〇年(昭和三五年)から六八年(昭和四三年)までのこの八年間、「空白の時代」と呼ぶ人もあるが、それは「空白」どころか、屈辱と悲哀と苦しみの凝《こ》り固まった「暗黒の時代」「忍苦の時代」であった〉(色川大吉「不知火海民衆史」)。後述する「水俣工場の大争議」が、水俣民衆間の亀裂を一層深める。

熊大研究班が一九六〇年一〇月一五日に発表した「水俣病の研究」と題した論文は、水俣病の総決算であるかのような回顧的雰囲気が濃厚である。〈水銀が魚介類を通じて有毒化される機序〉の追究に重きがおかれている。無機水銀が魚介類の中でどのように有機水銀化するか、という誤った方向に誘導されているのが痛ましい。

〈昭和三五年になって、幸に、水俣病患者の発生が激減しましたことは、水俣病に対する漁民の関心、警戒心が高まったことに因ることもありましょうが、最大の理由は、水俣市に於ける新日本窒素肥料株式会社で、排水浄化装置が完成して、一月二〇日からその運転を開始したことにあるのではあるまいかと思われます〉。

「サイクレーターのおかげで水俣病の発生は止まった」と研究班は言っている。ウソをウソで糊《こ》塗《と》する新日窒の愚行にお墨付きを与えたのだ。六〇年一〇月の二名の発病を最後に水俣病は終息した、ということになった。

石牟礼道子『苦海浄土 わが水俣病』は小児性患者・山中九平との出会いを冒頭の章で描いている。語り手の「私」が水俣病多発地・湯堂を訪れたのは六三年の秋。水俣病にからめとられた少年は、かろうじて立つことはできる。ラジオで野球中継を聴くのが唯一の楽しみ。興が乗れば、家の庭で石を棒で打つ稽古をする。失敗しても繰り返す。〈彼のけんめいな動作が、この真空を動かしてゆく唯一の村の意志そのものであるかのように、ほかに動いているものはなにもなかった〉。

「私」は、水俣市役所職員の蓬氏（赤崎覚の仮名）に少年の家に連れてきてもらったのだ。蓬氏は、少年に検診を受けるのを勧めに来た。少年の母に蓬氏は〈「今日の検診な受けといた方がよかですばい。あの、見舞金ですたいな、会社からきよるあれがちっと、雀の涙ンしこでっしょばってん、こんど上がるそうですたい」〉と言う。

しかし少年は頑なに心をとざしている。劇症型水俣病の姉をはじめ多くの親しい人が病院に行ったまま帰ってこなかったのだ。少年自身も麻酔の効かない脊髄液検査を受けた結果、痙攣性の発作に見舞われ、嘔吐した揚げ句、失明した、という思い出したくもない経験をしている。蓬氏がいかに誠実に呼びかけようと、〈いやばい、殺さるるもね〉〈いや。行けば殺さるるもね〉と言うのはもっともなのだ。「私」は少年が〈奇怪な無人格性を埋没させてゆく大がかりな有機水銀中毒事件の発生や経過の奥に、すっぽりと囚われている〉のを目の当たりにする。

〈水俣病を忘れ去らねばならないとし、ついに解明されることのない過去の中にしまいこんでしまわねばならないとする風潮の、半ばは今もずるずると埋没してゆきつつあるその暗がりの中に、少年はたったひとり、とりのこされているのであった〉。

生殺しである。道子は患者の恐怖と無念の思いを代弁する。袋小路に陥った暗澹《あんたん》たる状況を、その状況に思いをはせざるを得なくなる重層的散文で表現しているのだ。

胎児性患者

同じく「水俣病は終わった」六一年の話だ。熊本大の**原田正純**[10]医師は患者多発地帯を歩き回っていた。ある家で一〇歳にも満たない二人の兄弟が遊んでいた。踊るような不随運動があり、言葉はたどたどしい。母親に「二人とも水俣病ですね」と聞くと、「兄は水俣病ですが、弟は違います」と言う。兄は魚介類を摂食したが、弟は生まれつき体が不自由なのだという（原田正純『水俣病』）。

母親は「私の主人は水俣病で死にました。上の子は生まれてすぐから魚を食べさせて水俣病になりました。わたしも同じ魚を食べました。しかし、そのとき妊娠していました。それで私が食べた魚の水銀はこの子に行ったのではなかでしょうか」と訴えるのだ。弟が生まれた時期、生まれつきの「脳性小児マヒ」と言われる子供が大勢誕生している。

原田医師は仲間の医師と本格的な調査に取り組む。しかし、患者家族、とくに母親の多くは、医師に不信を抱いていた。何度も診察しておきながら、治療をしない、病名もつけない。ある母親は言う。「九大の偉い先生が見にこられたけれども、ざあっと診て、これは脳性小児マヒですと言われました。よく調べもせんで。それ以来この子どもは脳性小児マヒということで放り出されているのですよ。その偉い先生たちはそのあと湯之児の温泉に、会社の人たちと車で行ったのですよ」。

猫四〇〇号実験の細川医師も早くから「脳性小児マヒ」の子供たちに注目。五七年八月には〈新患聞き込み〉として坂本しのぶら三人の患者の名前と生年月日をノートに記している。「脳性小児マヒ」の女児が六一年三月に死亡する。解剖することになった。女児の母親の手記がある。当事者にしか分からぬ苦悩がある。

〈むごい先生達です。部屋にはいったとたん、私は逃げ出したかった。すいじ場のような所で真ん中に流し台をおき、その中に血のついた「デバぼうちょう」や「さしみぼうちょう」のようなものを四、五本おいてありました。「その上に乗せて下さい。」と命令する先生。本当に人間じゃ

10 原田正純（はらだ・まさずみ、一九三四〜二〇一二年）鹿児島県生まれ。医師。熊本大医学部で水俣病を研究。六〇年代、水俣で集団検診を行い、患者を見守る石牟礼道子を保健婦と間違えたという逸話がある。胎児性水俣病を見い出したことで知られる。患者の立場で親身に寄り添う姿勢を貫き、多くの患者に慕われた。『水俣病』などの著書は水俣病研究の必須文献。熊大退職後は熊本学園大に移り、「水俣学」を創設した。

ない。このまま連れて逃げたい。馬鹿野郎と叫びたいのをがまんして目をつむり、おいてきました〉(『水俣市民会議ニュース』六八年五月一七日)。

医師らは真摯に原因究明に取り組んでいるのだが、感情を抑制したいかにも科学者的なその態度は患者家族にはときに無神経と映る。わが子を解剖に供する母親は〈馬鹿野郎〉とでも言いたくなるであろう。解剖所見を熊大医師から示された細川は六一年八月七日、この女児について「胎児性水俣病」と記載する。そして、「脳性小児マヒ」の一七人の名前と生年月日を列挙する。

六二年九月、別の「脳性小児マヒ」の少女が死亡。解剖の結果、「胎内で起こった水俣病」と結論。同一一月、一六人が水俣病と認定された。有機水銀は胎盤を通過して胎児の脳を侵していた。「母親の胎盤は毒物を通さない」という医学の常識が覆された。有機水銀という人工の毒は胎盤にとってまったくの想定外だったのである。

安賃闘争

六〇年代前半、新日窒は岐路に立っていた。石油化学工業への転換に遅れをとり、大幅な合理化による再編成を目指していた。

三四〇〇人を擁する組合は六二年の春闘で、約五二〇〇円の賃上げなどを要求。会社のゼロ回答を受け、断続的にストライキを行う。一方の会社側は、同業六社の平均妥結額をもとに三年後までの賃上げ額を決める「安定賃金」を提案する。スト権を放棄し、合理化案に協力させる内容だ。

組合は提案を拒否。中労委のあっせんは不調に終わり、会社側は組合に「ロックアウト(工場閉鎖）」を通告。約三〇〇人が組合を脱退し、新労（第二組合）を結成する。会社の意のまま動く御用組合の誕生である。以後、争議は、第一組合と第二組合の対立の様相を呈する。

市内一四カ所にピケ小屋（見張り拠点）を建てて全面無期限ストを展開する第一組合に対し、第二組合は工場内で就労。第一組合員は第二組合員を〝御用〟と公然と侮蔑するのだ。〝御用〟とは「会社の意のままに動くイヌ」という意味である。デモ合戦や小競り合いも頻発し、どちらの組合に所属するかによって親兄弟、隣同士までもが激しく対立。商店街、青年団、婦人会、葬儀屋まで真っ二つに割れた。

原田正純は争議の時期、水俣訪問を繰り返していた。〈第二組合に行った人の名が裏切り者として路地にはりめぐらされていて、私が通るとピケ小屋の人たちがジロジロ私を見つめ、うしろからついて来る。患者の家に入ってものぞいている。聴診器を出すのを見て、「ああ医者どんたい」と言って、やっとみんな引揚げるのである〉（『水俣病』）。

石牟礼道子も水俣の変貌に驚いた。〈村に出来た団結小屋の雰囲気はそばを通ってもものめずらしく、わたしなども中をのぞいてみたい気持ちにそそられた。そばを通ると、団結小屋の中はモウモウと煙が立ち込めていて、鰯《いわし》を焼いたり、焼酎を飲んだり、村の言葉ではない組合言葉を盛んに使って討論をしているのがまるまる聴こえた〉（石牟礼道子『葭《よし》の渚』）。

安賃《あんちん》闘争は、三池闘争後の「総労働対総資本」の闘争と位置づけられ、全国から約一万五〇〇〇人が支援に来た。六三年、県地方労働委員会（注・中立かつ公平な立場で労使関係の安定を図る行政機関）のあっせんを受け入れ、ストライキ日数二二四日で争議は終結。復職後の第一組合員には会社の差別的な待遇が待っていた。草むしりやドブ掃除など雑用ばかりの部署へ配置転換された人が多かった。

第一組合員に対する会社のむごいやり方は会社が行ってきたことを根本的に考え直す契機となった。勤続二四年の第一組合員鬼塚巌は〈水俣病である人と、でない人ち。それを考えれば考えるほど、会社が安賃方式ち《という》毒饅頭にしかけたものと同じじゃないかち、水俣病の裏側ば考えるようになった〉という(『おるが水俣』)。〈やっぱ水俣病については安賃闘争以前は、自分も企業に加担しとったんじゃなかろうかち思うわけですな〉(同)。

六八年八月三〇日、第一組合定期大会が開かれ、「恥宣言」を決議した。〈闘いとは何かを身体で知った私たちが、今まで水俣病と闘い得なかったことは、正に人間として、労働者として恥しいことであり、心から反省しなければならない。(中略)今日なお苦しみのどん底にある水俣病の被害者の人たちを支援し、水俣病と闘う〉と誓ったのだ。

加害黙認から患者支援へ。大転換である。〈水俣中流意識としての「会社ゆき」の地位から〝逆徒〟に転落し、襤褸《らんる》のように扱われたとき、そして初めて差別された人間としての自己存在にめざめたとき、水俣病患者とともに情況を変える一つの可能性が発生した〉と色川大吉は感慨深く分析している(「不知火海民衆史」)。

新潟水俣病

熊本大研究班の入鹿《いるか》山且朗《やまかつろう》教授が六二年、チッソ工場から入手した水銀スラッジ(泥試料)でメチル水銀の抽出に成功。研究班の報告会で発表され、六三年二月一七日の熊本日日新聞一面で「製造工程中に有機化」と報道した。スクープである。

入鹿山教授はスラッジをよく洗って乾かしてから実験に使用していたという。教授は、洗うことで有機水銀を流していた可能性に気づき、残っていたスラッジを使って抽出に成功したのだった。

熊本地検は熊本日日新聞社の取材に対し、「これまでは医学的なはっきりした原因がわからず、われわれが手を出そうにも、手のつけようがなかったが、もし医学的研究の結論が出れば、結果しだいでは大いに関心をもたねばならない問題だろう」とコメントした。

〈これが水俣病の全経過を通じて、司法権にかかわった唯一の発言であった〉（宇井純『公害の政治学』）。実際には検察・警察は様子見を続け、実際に動いたのは七六年、告訴を受け、チッソ吉岡喜一元社長と西田栄一元工場長の二人を業務上過失致死傷の罪で起訴した。

「水俣病は終わった」というフレーズを粉砕する事態が起きる。六五年五月三一日、新潟大の椿忠雄教授らが「原因不明の水銀中毒患者が阿賀野川下流沿岸集落に散発」と新潟県に報告。新潟県は六月一二日、「阿賀野川流域に有機水銀中毒患者七人が発生し、二人死亡」と発表した。第二の水俣病、新潟水俣病発生の公式確認である。

〈ふかい、亀裂のような通路が、びちっと音をたてて、日本列島を縦に走ってひらけた。なんと重層的な歳月に、わたくしたちはつながれていることであろう〉（『苦海浄土　わが水俣病』）。眠らされていた水俣が目覚める。

六五年七月一四〜二〇日、元新日窒付属病院長の細川一と東大工学部助手の宇井純が新潟・阿賀野川流域の調査を行った。この間、細川は患者の診察もしている。新たな水俣病患者を目の当たりにして細川は衝撃を受けた。細川と宇井は、昭和電工鹿瀬工場が汚染源と見当をつけた。細川は新潟から故郷の愛媛に帰る前、東京のチッソ本社に寄り、未公開の資料の公開を迫ったが、果たされなかった。

阿賀野川河口から六〇キロ上流に鹿瀬工場があり、チッソと同じアセトアルデヒド製造工程がある。県や厚生省、新潟大は同工場が発生源と疑う。水俣と同様、新潟でも通産省が反論。昭和電工も「六四年に発生した新潟地震によって流出した農薬が原因」などチッソと同じような詭弁を弄する。

患者らは民事訴訟に活路を求めた。六七年、昭和電工を相手取って損害賠償請求訴訟を起こし、新潟水俣病は四大公害訴訟の先駆けとなる。同年に四日市ぜんそく、六八年にイタイイタイ病、六九年に熊本の水俣病と続く。

救済面では水俣の教訓が生かされた。新潟県は毛髪水銀濃度が五〇ｐｐｍ（注・一ｐｐｍは一〇〇万分の一の濃度）以上の女性に受胎調整を指導。この結果、新潟での胎児性患者はひとりにとどまった。受胎調整に協力した女性は「妊娠規制者」として補償の対象となった。

公害認定

園田直・厚生大臣は一九六八年九月二二日、水俣入りした。水俣市役所に互助会の患者らが集まった。「おねがいします。患者と家族のためによろしく」と患者らが迫る。大臣は〈保養院（精神病院）〉へ行く。『苦海浄土　わが水俣病』の「ゆき女きき書」のモデルになった女性が入院中である。大臣の姿を見た彼女は痙攣発作を起こす。

〈「て、ん、のう、へい、か、ばんざい」〉

医師らに鎮痛剤注射を打たれた彼女の口から絶叫が出た。大臣の選挙区は天草である。〈天草牛深の生まれである彼女は、ひときわ心なつかしい想いを抱いて厚相の到着を待っていた〉(同)。「天皇陛下万歳」は彼女なりの同郷人への歓迎の挨拶なのだった。

阿賀野川有機水銀中毒の原因について政府の見解を求める新潟の動きが、曖昧なまま放置されている熊本の水俣病にも目を向けさせることになった。政府は、新潟とともに水俣についても見解を出さざるを得なくなった。政府が水俣病を公害と認定したのは六八年九月二六日のことだ。直前の厚相の水俣訪問は、公式発表前の地ならしというべきものであっただろう。

園田は当初、市民会議の日吉フミコらに、その年の五月には公害認定する、と約束していた。遅れた理由について園田は〈公害問題は往々にして各省庁に管轄がまたがっている。これが問題処理を困難にし、またあいまいにもしている〉(『熊本日日新聞』六八年五月二〇日)と述べている。

六八年九月二六日に出された政府見解(公害認定)は、熊本の水俣病と阿賀野川水銀中毒(新潟水俣病)に、別々に言及している。熊本の水俣病については因果関係を明快に断じている。

〈水俣病は、水俣湾産の魚介類を長期かつ大量に摂取したことによって起った中毒性中枢神経系疾患である。その原因物質は、メチル水銀化合物であり、新日本窒素水俣工場のアセトアルデヒド酢酸設備内で生成されたメチル水銀化合物が工場廃水に含まれて排出され、水俣湾内の魚介類を汚染し、その体内で濃縮されたメチル水銀化合物を保有する魚介類を地域住民が摂食することによって生じたものと認められる〉(「水俣病に関する政府見解」)。

一方、新潟水俣病については、〈本疾患の発生は、昭和電工鹿瀬工場の事業活動に伴って排出されたメチル水銀化合物が大きく関与して基盤となっているとみて、今後公害に係る疾患として措置を行なうこととする〉（「阿賀野川水銀中毒に関する政府の見解」）という。企業責任が明確になっていない。新潟水俣病の発見者である椿忠雄・新潟大教授は「学問的結論ではなく、政治的なものとしかいいようがない」と反発。亘四郎・新潟県知事も「納得できない。企業責任が明示できないなら、国で救済を」と求めた。

園田厚相は公害認定を自画自賛している。〈歴史的決断をくだし得たことに誇りを持っています。（中略）厚生大臣になってみて分かったのは、水俣病が新日本窒素から排出された有機水銀が原因であるとの結論が出ているにもかかわらず極秘にされているということでした。（中略）私の公害病認定――言葉でいえば簡単ですが、なにしろ明治以来踏襲されて来た工場優先の思想を根底からくつがえす決断だっただけに、さまざまな場面で体を張らざるを得ませんでした〉（馬場のぼる『ミナマタ病・三十年・国会からの証言』）。

なお、「水俣病に関する政府見解」で、〈アセトアルデヒド酢酸設備の工程は本年より操業を停止した〉と明らかにしているのが注目される。国内すべてのアセトアルデヒド工程の停止と公害認定は無関係ではあるまい。

『水俣病事件資料集』（下巻）の宮沢信雄の解説によると、政府見解の発表が遅れている間の一九六八年三月、ダイセル新井工場（新潟県）のアセトアルデヒド工程が生産を停止。同年五月にはチッソ水俣工場（熊本県）、電気化学工業青梅工場（新潟県）のアセトアルデヒド工程が生産を終えた。

〈化学工業はこのころまでに石油への原料転換をなしとげて、カーバイド・アセチレン法による生産はつなぎとしての役目も果たし終えたのであった。政府（通産省）とすれば、アセトアルデヒド製造工程が稼働している時に、その工程が水俣病の原因物質を生成するという見解を発表することは絶対に認めえなかったであろう〉。

石炭から石油・天然ガスへのエネルギー革命が進行し、第一期石油化学コンビナートが操業を開始。通産省にとってチッソ水俣工場はもはや用済みだった。

第三章　闘争の季節《とき》がきた

水俣病市民会議

〈会社の発展と共に地域社会の繁栄と従業員の幸福を一歩一歩築き上げていきたい〉。チッソは六八年元日、異例の挨拶状を水俣市民に配布した。この時期、政府の公害認定を控え、いかにダメージを最小限に抑えるか対策に余念がない。挨拶状の体裁をした一種の脅しである。チッソをつぶしては元も子もないぞ、というのである。

六八年一月一二日、水俣病対策市民会議（のちに水俣病市民会議と改称）が結成された。新潟水俣病訴訟の原告・弁護団の来水が決まり、その受け皿としてできたのだ。水俣における患者支援の初めての組織である。会長に水俣市議の**日吉フミコ**[11]、事務局長に市職員の松本勉が就任。「水俣病闘争」と呼ばれる患者支援運動のスタートである。

石牟礼道子も発起人のひとりだ。夫の弘も会員になった。道子は実父の白石亀太郎から「昔なら お前、そんなことしたら獄門さらし首ぞ。その覚悟はあるのか」と尋ねられ、「あります」と答える。水俣はチッソの城下町である。盾つくには死すら覚悟せねばならない。亀太郎は覚悟を問うた。背中を押してやったのだ。道子は〈今年はすべてのことが顕在化する。われわれの、うすい日常の足元にある亀裂が、もっとぱっくり口をひらく。そこに降りてゆかねばならない〉（『苦海浄土　わが水俣病』）と覚悟を決めていた。

〝外圧〟で発足した市民会議だが、自発的に運動を切り開こうとする思いは強かった。日吉は〈わたしはね、自分が正しい、とおもえば、まっすぐに、前後もヨコも見えずに、まっすぐにしか、ゆけないのよ〉（同）と言う。彼女の「純情正義主義」に道子は信頼を寄せた。松本はかつて同人誌『現代の記録』を道子と一緒に出した仲間でもある。市職労書記長で地協の事務局長を務め、組合中心に人望があった。

発足前、日吉らは、第一組合や日教組などの組合員一〇〇人にハガキを出した。創設メンバーは三六人。会の目的は①政府に水俣病の原因を確認させ、第三、第四の水俣病発生を防ぐ②患者家族の救済措置を要求し、被害者を物心両面で支援する——の二点である。チッソの労働者田上信義は参加した理由を問われ「人間そのものの奪還だ」と語っている。

当初、周囲は冷ややかだった。元水俣工場長の橋本彦七市長は「線香花火ではネ」と日吉らを揶揄した。市民会議は一月一八日、熊本を訪れた園田直厚相に①水俣病の原因の断定②見舞金を生活保護の収入認定から除外する——などを直訴。園田は「水俣のことはもう分かっています。

11 日吉フミコ（ひよし・ふみこ、一九一五～二〇一八年）熊本県菊池市生まれ。小学校教頭だった六三年、水俣病患者の実態に触れて衝撃を受ける。六八年、石牟礼道子らと水俣病対策市民会議結成、会長に就任。事務局長は市職労の松本勉。「火の玉」（ユージン・スミス）と呼ばれる行動力で、水俣病第一次訴訟の原告患者の支援に力を注ぎ、勝訴後の補償協定書の調印では立会人を務めた。水俣市議を六三～七九年の四期一六年務めた。

新潟と一緒に発表せにゃいかんから、五月頃まで待ってくれ」と答えた。「五月頃まで待ってくれ」というのは政府の公害認定のこと。結局、六八年九月まで公害認定を待つことになるのだが、厚生大臣に直接迫る行動力は評価されてしかるべきである。

市民会議発足の席には患者家庭互助会の中津美芳会長、渡辺栄蔵前会長も参加した。患者あっての市民会議なのだが、患者が市民会議に心を開くまでには時間がかかった。貧窮のまま襤褸のように打ち捨てられた人間不信は根深いものがあった。五月四日付の『市民会議ニュース』にはやっと語られ始めた患者の本音が掲載されている。

〈この苦しみは誰も知らない、わからない。ま一回（工場の）本門の前にでん座り込みたたか。我々はもう老い先短いから死んでもいいが、子供達はどうなる。かわいそうでたまらない〉。

〈日窒の組合員も白眼視し、つばをはきかけようとした〉。

〈誰も支援しなかった。わずか百余名の互助会で、今思えば、あの笑われるような見舞金契約を結んだ。しかしあれでせいいっぱいだった〉。

〈なぜ、この市民会議をあのときつくらなかったのか。我々はどこにすがればいいのかわからなかった〉。

市民会議に加わったチッソ工員の鬼塚巌は、水俣病患者姉妹の母坂本フジエから〈いまでこそこういう仲（市民会議と患者）じゃってん、あんたどんも、〃どれ〃（同じ穴のむじなの意）じゃったもんな〉と言われた。〈それはまぎれもなくそげんでした、〃どれ〃じゃった。こんひとことは自分の胸にぐさっと突き刺さったな。考えても考えても、それが本当だったち思うばってん、しばらくのあいだ言葉も出らんでなあ〉（『おるが水俣』）。鬼塚は安賃闘争の経験をへて、〈水俣病は水俣の近代化学工業ちゅうか、その美名の裏で起こるべくして起こった悲劇じゃち思うし、これは記録せんばち〉（同）と決意。炭鉱の絵師山本作兵衛がチッソ水俣工場に生まれ変わったのかと思わせるような入魂精緻な工場内の絵図を多数作成したほか、患者の動向を八ミリフィルムで記録するなど、患者支援と水俣病闘争史の記録に大きな貢献を果たす。

六八年一月二一～二四日、新潟の患者、支援者、弁護団が来水。互助会や市民会議と交流した。日吉や松本はこの時点では水俣の患者の顔ですら見分けがつかない。〈誰が誰じゃいよ、いっちょんわからん〉と苦労しながらの交流である。最終日には〈熊本と新潟の事件はひとつのものである〉という共同声明を出した。新潟の患者のひとりは新潟に帰ってから地元紙に〈熊本の患者はからだだけでなく、心まで破壊され尽くし、まるで廃人同様だった〉と述べている。

六八年九月一三日、市主催の水俣病犠牲者慰霊祭が市公会堂で開かれた。市民会議が慰霊祭を企画したところ、市長から慰霊祭開催の申し出があったのだ。市長はチッソの意を汲んでいる。これから予想される患者との補償交渉を有利に運ぼうと、チッソはあの手この手の策を弄しており、慰霊祭も布石のひとつである。一般市民の参加は石牟礼道子と日吉フミコのふたりだけだった。

チッソの仕掛けは入念である。江頭豊社長は同日、「水俣に異常事態が生じており、地元の全面的協力が得られねば五カ年計画をすすめられない」と水俣撤退を示唆した。「五カ年計画」とは、原料の転換を進め、従業員を一四〇〇人減らすという内容である。ほそぼそと操業する計画、それすらも撤回するというのである。

互助会の切り崩しの動きも表面化していた。チッソに取り込まれた現会長と前会長は会員の切り崩しにかかる。さらにチッソの意を受けて、水俣市発展市民大会が九月二九日に開かれた。大会は「水俣病患者支援とチッソ支援」を合わせて掲げている。患者の姿はなかった。〈公害認定されてから工場ひきあぐるなんちゅう社長はどぎゃんかい。チッソの社長ともあろう人がこっじゃ困る〉という会場から発せられた本音の声もかき消えた。

政府の公害認定の二日後の九月二八日、江頭豊社長はわび状と羊羹《ようかん》三本を持って患者家庭を回った。美辞麗句でまとめたわび状。〈微力ではありますが誠意をもってご遺族ならびに患者の方々に対しお力になり度い〉と言うのみで、補償するとは言っていない。

生活を切り詰めたカネでタクシーを借り切った石牟礼道子はチッソ社長を追う。山本亦由《またよし》・互助会会長宅。「朝漁に出ていたら社長が来て」と山本が言いかけたとき、「小父さん！」と重症の女性患者が飛び込んできた。

「どげんした！」

「市民の世論に殺される！　今度こそ、市民の世論に殺さるるばい」

はだしの彼女は訴えるのだ。

「なんばいうか。だれがなんちゅうたか」

「みんないわす。会社が潰るる、あんたたちが居るおかげで水俣市は潰るる、そんときは銭ば貸してはいよ、二千万円取るちゅう話じゃがと。殺さるるばい今度こそ、小父さん」

「バカいえ、そげんこついうた奴ば連れて来《け》え、俺家《おるげ》に！

俺がいうてやる、俺たちがこらえとるけん、水俣市は治まっとるとぞ、俺たちが暴れだしたら水俣市はどげんなるか、そげんいうてやる、連れてけえ、そいつどんば。俺が一人で引きうけてやる、連れてけえ、心配すんな――」（『苦海浄土　わが水俣病』より抜萃）。

公害認定で水俣病は一挙解決どころか混迷の度を深める。〈〝水俣市発展市民大会〟は患者からボイコットされ、〝合同慰霊祭〟は市民からボイコットされることで、病む水俣の姿を象徴的に表現していた〉（『苦海浄土　わが水俣病』）。

確約書

水俣病患者家庭互助会は六八年九月一五日、臨時総会を開き、①見舞金契約は白紙②チッソと自主交渉③不調であればあっせんを依頼④あっせんも無理なら訴訟――の方針を立てた。同二〇日、寺本広作知事は「見舞金契約は原因不明の段階のもので、再検討する必要がある」と表明した。

これまでチッソは「会社に責任はないが、お気の毒だから、お見舞金を差し上げる」というスタンスだった。しかし今回、国がチッソの責任を認めた以上、患者は大手を振って補償を請求できる。見舞金契約の屈辱を晴らすときが来たのだ。

互助会は要求額を、死亡者一時金一三〇〇万円、患者年金六〇万円と決定。一〇月八日にチッソに提出。チッソは「わが国で初めての公害補償。物差しがない」と態度を保留する。さらに「第三者機関に補償額の基準設定を求めたい」と表明した。県知事が調停をした見舞金契約を思い起こそう。患者との直接交渉を避け、行政主導の第三者機関に仲裁をゆだねるのはチッソの常套手段である。

寺本知事は第三者機関をつくる気はないと断言した。一方、厚生省の第三者機関設置は難航した。「あっせん機関」なのか「仲裁機関」なのか。あっせんなら当事者は決定を拒否することができる。仲裁なら決定を拒めない。厚生省は、仲裁でないなら第三者機関をつくる意思はない、と言明する。

「白紙委任状の提出が不可欠」。厚生省は六九年二月二五日、福岡県企画部長と水俣市衛生課長に通告した。厚生省が示した「確約書」（白紙委任状）の文言は次の通りだ。

〈確約書／私たちが厚生省に水俣病にかかる紛争処理をお願いするに当たりましては、これをお引き受け下さる委員の人選についてはご一任し、解決に至るまでの過程を委員が当事者双方からよく事情を聞き、また双方の意見を調整しながら議論をつくした上で委員会が出して下さる結論には異議なく従うことを確約します。／昭和四四年　月　日〉。

確約書はチッソと互助会双方に示された。チッソは同二六日、確約書を厚生省に提出した。〈確約書はチッソ提出のものをそのまま県企画部長、市衛生課長に渡した〉（厚生省公害部長）のだから早いはずだ。チッソと国の出来レースである。

『水俣病の民衆史』第三巻によると、二月二八日夜、互助会の患者らは確約書を見た。一五人のうち七人が印鑑を押した。市民会議の日吉と松本が来た。日吉は確約書に驚いて、「あなたたち、これはあっせんじゃないですよ。印鑑を押してしまえばしまいですよ」と言った。三月一日、総会が開かれた。市の助役、総務課長らが来て、「第三者機関は偉い先生ばかりでやられるのだから、任せたらどうか」と印鑑を押すよう勧める。総会は紛糾し、「確約書」を「あっせん依頼書」とし、「委員会が出して下さる結論には異議なく従う」を「一日も早くあっせんして下さるようにお願いします」と書き換え、厚生省に伝えた。厚生省は「〝あっせん依頼書〟では第三者機関は設置できない」と方針を変えない。

互助会の三四世帯が四月一二日、補償を要求する「申し入れ書」をチッソに出した。確約書拒否の意思表示である。確約書に判を押してしまえば、見舞金契約の二の舞になる。チッソと市は切り崩しに奔走するが、三四世帯のうち二九世帯は確約書拒否の態度を変えない。

この二九世帯は六九年四月一三日、チッソを相手取って慰謝料請求訴訟を起こす方針を決定する。互助会のうち「訴訟派」と呼ばれる（提訴までは自主交渉派）。チッソの意にしたがい確約書に捺印した五四世帯は互助会の約三分の二に当たる。「一任派」と呼ばれる。互助会の事実上の分裂である。四月二五日、厚生省の水俣病補償処理委員会（元高裁判事の千種達夫座長ら三人）が発足した。一任派の補償について裁定をくだす組織である。「処理」という言葉に注目したい。水俣病問題は国にとって「処理」案件にすぎない。患者の苦しみや憤りは無視されている。屠殺するとでも言わんばかりである。

石牟礼道子

市民会議の要は日吉フミコと松本勉だ。活動記録など発足以来の資料を調べてみると、日吉、松本の名前が頻出する。二人がすべてを取り仕切っている印象である。石牟礼道子の名前はほとんど出てこない。のちに〝水俣病闘争のジャンヌ・ダルク〟と称された道子もこの時点では市民会議の無名会員にすぎない。

水俣市役所職員で市民会議のメンバーだった**赤崎覚**[12]（『苦海浄土』の蓬氏のモデル）の記録によると、六八年四月二七日、市民会議の会合で道子は〈ニュースを自分のものにするため手紙ででもよいから記事を出してほしい。悩みごとなど。ニュースで互助会紹介したい。家庭訪問するからよろしく〉と発言している。ニュースというのは『水俣病対策市民会議ニュース』のこと。表立った活動は日吉と松本に任せて、自らは得意の「文章」で貢献したいという気持ちがうかがえる。〈互助会紹介したい〉というのは患者の声を伝えたいということだ。

石牟礼道子と水俣病患者の最初の接触は五九年。見舞金契約の年である。長男の道生が結核の初期症状で水俣市立病院に入院。息子の病棟の隣に奇病患者用の病棟が建てられ、その屋上を患者が行き来するのを目に留めた。

同年五月には院長の許可を得て、病棟を見舞っている。そのとき出会ったのが、のちに『苦海浄土　わが水俣病』で描かれることになる、〈魚のような瞳と流木じみた姿態と、決して往生できない魂魄〉をもつ釜鶴松《かまつるまつ》であり、すべてが揺れる世界で〈もういっぺん――行こうごたる、海に〉と願う天草出身の川上タマノ（作中名は坂上ゆき）である。

その後、水俣病多発地帯・茂道で網元・杉本進と出会っている。道子の家では次々に生まれる猫の子を漁師にあげていた。〝猫おどり病〟で多数が死んでいるという話を聞き、確かめに来たのだ。ねんねこで孫を背負う進は道子を「あねさん」とかわいがる。出漁の仕方などを教わった。のちに進の長女**栄子**[13]と仲良くなった道子は、栄子が父から聞いた「人を恨むな。人は変えられん。自分の方が変わらんば」という言葉を記憶に留める。

同じく多発地帯・湯堂の突端には古い井戸があった。道子はそこへ水汲みに行き、何人もの患者やその家族と知り合った。死に際に庭におりて桜の花びらを拾おうとした坂本キヨ子の母トキノや、解剖後の幼い娘を線路沿いに背負って帰った江郷下《えごした》マスらと親しくなった。筆舌に尽くしがたい彼女らの苦難を苦海浄土三部作につづる。

道子は六五年から六六年にかけて、渡辺京二が編集する『熊本風土記』に『苦海浄土　わが水俣病』の初稿となる「海と空のあいだに」合計八回の連載を終えている。市民会議が結成された年の六八年六月、講談社からの書籍化が決まり、出版される六九年一月までのあいだ、加筆やゲラ直しに忙殺される。

六〇年の『サークル村』に「奇病」（『苦海浄土　わが水俣病』「ゆき女きき書」の初稿）を発表して以来、自らの孤独を患者の孤独に合わせるようにして、患者の魂の底に届く言葉を探しつづけている道子にとって、市民会議に属している人々の言葉はいかにも粗雑で軽いのだった。

〈われわれはその、自分らのタンサンのですね、センジュウシャだけでなくてですね、三池の時もですが、そのオルグに行ったわけです。カクタンサンのジョウブからのデンタツでですね、デンタツジコウを徹底させろちゅうことでですね、それがセンケツだというように、ともかく、イ

12　**赤崎覚**（あかざき・さとる、一九二七～九〇年）熊本県水俣市生まれ。澱粉工場での労働などをへて市役所職員。焼酎を好み、情の濃い人柄から水俣病患者の深い信頼を得た。患者関係の資料を石牟礼道子に提供するなど、初期の患者救済に尽力。「サークル村」や「水俣病を告発する会」にも参加。五七歳で市役所を早期退職、水俣の高原地帯、石飛に隠棲した。谷川雁は赤崎の死に際し、「降る雨は今日から、君の酒になる」という弔電を送った。
13　**杉本栄子**（すぎもと・えいこ、一九三九～二〇〇八年）熊本県水俣市生まれ。水俣病患者。水俣病資料館語り部。網元の一人娘。両親は水俣病患者。六九年、水俣病第一次訴訟に参加。七四年に自らも水俣病に認定された。九五年から語り部として活動。「のさり」や「もやい直し」など水俣の言葉で患者や家族を励ました。胎児性患者・障がい者の共同作業所の理事長も務めた。石牟礼道子は「のさり」など栄子の思想を積極的に紹介した。

チマイイワの団結がこのさい何より大切ですから、そういう意味でイシトウイツをしたわけですよね〉（苦海浄土第二部『神々の村』）。

市民会議と互助会が初めて顔合わせをしたときの、市民会議メンバーの発言だ。肩書を外した個々人の集まりだとはいえ、発言するときは〈おのずと自分の属している階層の言葉づかいになる〉（同）。日吉や松本の行動力には敬意を表しているものの、メンバーの主力は第一組合、日教組、市職労など組合関係者である。「各単産」や「上部」や「伝達事項」などの組合用語が悪いとは言わない。しかし、それが果たして長年孤絶を強いられた患者の魂に響くのだろうか。今後、七難八苦が予想される患者支援運動を担っていかねばならないのに、空疎な言辞を弄するだけの〝支援ごっこ〟に終わりはしないか。道子はそんな危惧を払拭することができない。

〈市民会議の力の限界を補強する、もうひとつバネのきいた行動集団を、いよいよ発足させねばならぬ時期になっていた。組織エゴイズムを生ましめない、絶対無私の集団を。その集団は、透明な水のような法則を持って、流れてゆかねばならない。流れの上に患者たちの「いっ壊《く》え船」を乗せ、その船のみを浮上させねばならぬ。支援者たちは、船ばたに隠れてみえぬ舟子《かこ》たちでなければならぬ。いっさいの戦術は、この国の下層民が、いまだ情況に対して公けに表明したことのない、初心の志を体し、先取りしたものでなければならぬ〉（同）。

「いっ壊え船」とは「沈没寸前の船」という意味である。行動集団、絶対無私、透明な水の流れ、舟子志願、初心の志……。言葉をたどると、「海と空のあいだに」を生み出した編集者の顔が浮かぶ。熊本市の渡辺京二だ。人と人とのつながりから切り離された患者に自分自身を見いだした道子にとって、患者の孤独を書くことは自分の孤独を書くことと同義だった。「海と空のあいだに」を書くことで道子は自己表現の手がかりをつかみ、蘇生する思いを味わったのだ。

チッソが絶対権力を握っている水俣の状況では、市民会議を結成するだけで精一杯なのは道子も分かっていた。市民会議から一歩踏み出そうとする石牟礼道子が、孤絶した魂の救済の物語「海と空のあいだに」の創造のパートナーとなった渡辺京二に〈いっさいを報告し、わたしはその心をたたいていた〉(同)のは自然の流れである。京二の心をたたくことによって道子は闘争の新たな地平を切り開こうとしていた。

渡辺京二

〈水俣病原稿、ユーウツで、チチとして進みませんが、何とかせねばと思うことですが、困っています。どうやら書くとは思いますが。私も熊本にゆかねばならぬ用事たまり、のびのびになっているのですけれど、渡辺さんに連絡つけたい時は、デンワありますか。飛びまわっていらっしゃるので、定まった連絡場所は、おうちしかありませんのでしょうか。私はおそろしくスローモーションなのでセッカチになる結果となり、おめにかかりたい時はデンポウさしあげてもよろしいですか〉。

石牟礼道子が渡辺京二に宛てた最初の手紙だ。日付けは六五年九月一三日。この数日後、熊本市の渡辺はバスで四時間かけて水俣市の道子の家を訪ねている。谷川雁の紹介状を携えた渡辺は新雑誌『熊本風土記』を刊行する計画を温めており、〝「サークル村」の才女〟の誉れが高かった道子に連載を書いてもらうつもりだった。

結核療養所の仲間と創刊した『樹氷』、同所のサークル誌『わだち』、共産党系の『新熊本文学』、熱田猛、上村希美雄、藤川治水《ちすい》らと創刊した『炎の眼』……。渡辺京二はリトル・マガジンとともに歩む人だ。『炎の眼』と熊本県庁文学サークル『蒼林』が提携してできたのが谷川雁命名の『新文化集団』である。

活動弁士だった渡辺次郎の二番目の男子として京都に生まれた京二は、父の仕事の都合で一〇歳のとき、大陸の大連に赴く。文学書に耽溺《たんでき》。引き揚げ後、第五高等学校に入学するが、結核発病で熊本の結核療養所に入る。看護婦ふたりと交際し、苦い別れを経験。実質的デビュー評論「小さきものの死」を書いた翌年の六二年一一月二八日、『新文化集団』の総会で石牟礼道子と会ったのだ。〈石牟礼さんとははじめて会ったが、かなりいい発言を聞けた。期待できる人と思われる〉と日記に書いた。

そのときは挨拶を少ししただけで、知り合いになったとも言えず、渡辺の水俣訪問時は初対面に近かった。面会してみると、話の通じる人に初めて逢った、と思うほどウマが合った。道子は書きたいテーマとして、水俣病、高群逸枝《たかむれいつえ》伝、西南戦争の古老の話――を挙げた。

「水俣病」とは「海と空のあいだに」のことだ。渡辺にしてみれば連載一本で十分なのだが、逸枝伝、西南戦争の古老の話も魅力的である。それらも同時並行的に温めていくことになるとは、うれしい誤算だった。道子にとっても書きたいことを書ける場ができたのは喜びだった。

この時期、水俣病と並んで道子の心を占めていたのは熊本出身の女性史学創設者、高群逸枝（一八九四～一九六四年）である。渡辺京二への手紙でも逸枝への思いを吐露している。〈逸枝さんの死亡通知を憲三氏が下さった折に、「故人はあなたをホメてうつくしくほほえんだことがあった」と書いてあったので、ただならぬ尊敬と親愛を感じていた私は逸枝熱頂点に達し、ねてもさめても逸枝さんのことばかりおもっていて、これは私にとって重大なケイキになりそうです。前半世を全部ブッタ切っても、この人の世界にくぐり入ってみるべきだと思っています。

前半世というのは、雁さんの「根へ、根へ、花咲かぬ処へ、暗黒のみちる所へ、そこに万有の母がある」という言葉が、家父長制社会のひとりから、女たちにむけられたまともな問いかけであったな、というあたりで終る、のです。

万有の母とは、なんだ、私ではないか、と女なら云うでしょう。母たちないし妣《はは》たちの祖像の性がそのまま女たちの生理であるかぎり、それはそのまま原理として存在しているのですから。この原理を男たちが解いてくれるのを待っていられない、と思っていました。

そんな時に、女性の歴史（性の牢獄）を読んだわけです。その直後に彼女の死。それで前後の巻を。体がふるえてとまらないのを机のはしをつかんで読みました。大へんだ大へんだと思いながら〉（「渡辺京二宛て石牟礼道子書簡」六五年九月二二日）。


『女性の歴史』は逸枝の主要著書のひとつである。道子は六四年に水俣市立図書館で同書を読んだ。徳富蘇峰の秘書だった同館長、中野晋の勧めである。道子は逸枝に手紙を出し、逸枝は手紙を読み道子の才能に瞠目した。〈憲三氏〉とは逸枝の夫で編集者も兼ねた橋本憲三。道子は憲三の招きで逸枝伝の準備のため東京・世田谷の逸枝の仕事場兼住居（森の家）に、六六年六〜一一月の約五カ月間、滞在した。〈雁さん〉とは**谷川雁**[14]。道子は雁や**上野英信**[15]らと「サークル村」（同名の月刊誌を五八〜六一年刊行）に参加している。

引用した手紙から道子の弾む心が伝わってくる。書きたいものはいろいろあるが、まずは雑誌の船出である。道子は、書くだけでなく、販路拡大など営業面でも貢献しようとする。

〈風土記水俣事務局〉発足を目指す道子は、松本勉（市役所建設課職員）や赤崎覚（市役所衛生課職員）と渡辺を会わせる。渡辺は「よか若者」と受け入れられ、道子は安堵するとともに魂の同伴者出現の予感にかつて味わったことのない歓喜を味わった。水俣の文化的有力者たちにも京二を紹介しようと道子は画策し、そのやりとりの合い間に「水俣病」の進捗状況、逸枝伝、水俣庶民史（西南戦争の古老の話）への意欲をつづる。事務的なあれこれよりも、手紙のやりとりをすること自体が楽しくてたまらないといった風情である。

〈風土記の手伝い、ということでなく、自分のこととしてやって参ります〉（「渡辺京二宛て石牟礼道子書簡」六五年九月三一日）という道子だが、創刊からまもなく『熊本風土記』は資金面で行き詰まる。道子は知り合いの小学校教員や短歌結社『南風』時代の仲間などに購読を呼びかけるが、焼け石に水というもの。雑誌の存在感が失われていくのと反比例するように、道子と京二、お互いの告白の衝動、みずからの魂の根っこまで突き詰めたいという欲求が強まる。魂の表白合戦というべき手紙のやりとりが続く。

〈食べることがかかればなお青ざめるおもいです。それより重いのは水俣病のなりゆきです。決して決して渡辺さんに市民会議のことなぞ、お心にかけさせてはならぬと思いつづけて来ました。あれは私にとってはじめから、ゼロから、さらなるゼロを生む作業の確認ですし、状況そのものもそうなのです。ひとりで荷ってたくさんです。こんなバカなこと。市民会議なんてどうしてこんな名前をつけたんでしょうね。私ははずかしいのです〉（「渡辺京二宛て石牟礼道子書簡」六九年三月一一日）。

〈市民会議〉という名称は最初から道子の感性にフィットしなかったようである。より実感に近い組織を京二とつくりたい、という願いがにじむ。

〈人を信じ、人を愛するということはまったく悲しいことです。信じざるにしかず、愛せざるにしかず、僕の精神の平衡はどうやらそういうみみっちい限定の上に成り立っていたらしい。若いころ僕は人が悪くなろうと一念発起し、告白ということをすまいとかたく決心したのでした。その結果が何か知らぬけれど、僕は人を容易に近づけない男、自分の心をひらかない男という定評を得て来たのですが、あなたにはおわかりでしょう、僕の人格はきわめて感傷的、きわめて軟弱、理性なんて全く欠如、ただ「情」だけで成り立っているのです〉（「石牟礼道子宛て渡辺京二書簡」六九年三月一六日）。

〈市民会議の力の限界を増強する、もうひとつバネのきいた行動集団を〉求める道子の気持ちを渡辺は受け止める。「情」だけ、すなわち、義理人情で立ち上がる、というのである。新たな患者支援運動の創造を決意する。その決意はいつなのか、判然としない。三月一九日に水俣の道子

14 谷川雁（たにがわ・がん、一九二三〜九五年）熊本県水俣市生まれ。本名・巌。詩人。評論家。西日本新聞記者をへて丸山豊主宰の『母音』に参加。逆説と反語と暗喩を駆使した詩や思想で文学界を席捲。サークル運動に専念するため筑豊に森崎和江と移住し、森崎が聞き書きに開眼するきっかけをつくった。熊本の『新文化集団』結成に関わり、石牟礼道子と渡辺京二が出会う機会をつくるなど、〝文化と闘争のプロデューサー〟の役割を果たした。

15 上野英信（うえの・えいしん、一九二三〜八七年）山口県生まれ。記録文学者。作家。本名・鋭之進。学徒召集され、広島で被爆。四八年から福岡県水巻町や長崎県崎戸町の炭鉱で労働者となり、千田梅二とともに「絵ばなし集」を刊行した。「サークル村」参加後、福岡県鞍手町に筑豊文庫を開設。石牟礼道子『苦海浄土 わが水俣病』刊行に尽力。水俣病闘争のチッソ本社座り込みにも「名を失い、路上に投げすてられた民のひとりとして」参加した。

の家で開かれた支援者の会合に渡辺は加わっている。おそくともその日には道子と行動をともにする意向を固めていた。悲惨に打ち捨てられている患者を助けたいという気持ちにウソはなかったが、魂が通じ合う女性の力になりたいという気持ちが強かった。

血債を取り立てる

渡辺京二は六九年四月一七日午前一〇時、チッソ水俣工場正門前に座り込んだ。渡辺の英語塾を手伝っていた小山和夫が一緒。ＮＨＫ職員の半田隆、熊本日日新聞記者の久野《ひさの》啓介、石牟礼道子の長男道生も加わり、総勢五人。座り込みは午後六時まで続いた。

水俣工場正門前に座り込んだのは渡辺らが最初ではない。五九年の互助会の患者らに続いて二度目である。五九年のときは、県知事ら第三者機関による仲裁では先の見通しがまったく立たず、もうあとがない思いで患者らは座り込んだのだった。年配の重度の患者もいたし、胎児性の子供を背負った母もいた。

渡辺らの座り込みは異色だった。五九年の患者家族の場合は、水俣病を背負わされて貧窮にあえぎ、権力による圧力や隣近所の差別などで行き場を失った結果、座り込むしかなかった。渡辺らは患者ではないし、親類縁者でもない。水俣から見れば都会の熊本市に住む一般市民である。カネで万事事足れりとするチッソから見るとまったく意味不明だっただろう。

座り込んでいる渡辺に「事務所においでください。説明いたします」とチッソの職員が言いに来た。断った。話が通じる相手ではないから座り込んでいるのである。患者の田上義春が「どこから来なさったたか」と声をかけた。第一次訴訟勝訴後、交渉団の団長を務めた義春は人望があった。彼のミツバチ論は『苦海浄土』でも普遍性のある生命体の寓話として長い尺で紹介されている。

座り込む二日前、渡辺は手書きのビラ二〇〇〇枚を熊本市内で配っている。〈水俣病患者の最後の自主交渉を支持し／チッソ水俣工場まえに坐りこみを‼〉の題名がつき、本文は二三七六字。末尾に〈一九六九年四月十五日／熊本市健軍町一八二〇の二二／渡辺京二／小山和夫〉の署名がある。半田と久野はそれを読んでやって来たのである。

本文は、確約書をめぐる状況、確約書が示すもの、通常の支援運動の限界――の順に記され、簡潔に水俣病問題の核心に踏み入っている。だれが読んでも当時の患者のおかれた状況を理解でき、なぜ座り込みなのかが分かる論理的な構成になっている。最初から読んでみよう。

水俣病患者補償問題は〈するどい緊張をしめしている〉。厚生省の第三者機関の誘導で大半の患者家族が確約書を提出した。確約書には〈委員の人選は一任、出された結論には異議なく従う〉という致命的条項を含む。確約書提出をこばむ患者家族は訴訟に向けて動いているが、チッソは〈うけて立つ〉という。

確約書により、公害認定以来の国の筋書きが明らかになった。国は公害問題の後始末に取り掛かったのだ。チッソには一定のワリをくわせて泣いてもらう。しかし、化学工業界＝巨大資本にとっては「カスリ傷」にとどめる。〈仲裁に応じない患者家族は「身からでたサビ」として問題解決のレールからしめだす〉というのである。

危機的状況におかれた患者家族を救援する組織の動きはどうか。県総評は完全支援を表明して裁判闘争を支援する姿勢を示している。しかし、〈公害反対闘争の一環としての公判闘争は、体制内の公正基準によって、保守派と進歩派との利害感覚のくいちがいを調整するという性格を、基本的にはこえることができない〉。渡辺は、そう述べた上で本題に入ってゆく。

〈水俣病問題の核心とは何か。金もうけのために人を殺したものは、それ相応のつぐないをせねばならぬ、ただそれだけである。親兄弟を殺され、いたいけなむすこ・むすめを胎児性水俣病という業病につきおとされたものたちは、そのつぐないをカタキであるチッソ資本からうけとらねば、この世は闇である。水俣病は、「私人」としての日本生活大衆、しかも底辺の漁民共同体に対してくわえられた、「私人」としての日本独占資本の暴行である。血債はかならず返債されねばならない〉。

患者家族の志を座視することはできない。〈その志を黙殺するチッソ資本に抗議することは、一生活大衆としてのわれわれの当然の心情であるとともに、自立的な思想行動者としての責任〉であると述べ、〈その意志をもっとも単純な直接性において表現〉するのが〈まったくの個人によって行なわれる〉座り込みなのだ。

渡辺は三月一九日に道子の家の会合に出て、三週間以内でビラを書いたのだ。〈僕たちが知り会うというのは宿命であったとさえ思います〉(「石牟礼道子宛て渡辺京二書簡」六九年三月一九日)、〈僕がどうしようもなくあなたと結びついていることをあなたは理解しなければならない〉(「同」六九年三月二〇日)などの文言が示すように、ふたりは魂の全面的共振というべき状態にあった。

渡辺は書きながら、対象に憑依して書くとはこういうことかと思ったかもしれない。座り込みを呼びかけるビラは道子の代弁でもあるのだから、道子というフィルターを通して文章が出て来たような〝共振〟感が必要である。「血債」という言葉を手繰り寄せたとき、無意識で温めていたイメージが言語化された喜びを味わった。近代を問うには近代の外に出なくてはならない。カタキ、この世は闇……。前近代的文言こそ、近代の硬い岩盤に穴をあけるキリになる。打ち合わせをするまでもなくそんな了解ができていた。

〈前近代による近代への異議申し立て〉(渡辺京二)と要約される水俣病闘争。なぜ、そのようなことになったのか。思想的バックボーンというべきものは何なのか。

直接的には石牟礼道子『苦海浄土 わが水俣病』がある。失われた幻(前近代)への憧憬を語り、〈もういっぺん――行こうごたる、海に〉と決して戻らない幻を求めてやまぬ患者を描くことは、「前近代からのチッソ(近代)への問いかけ」というスタイルを闘争者に必然的に要求したのである。

「ありえたかもしれないもうひとつの近代」をライフワークとする渡辺京二が『苦海浄土 わが水俣病』の編集者だったのは象徴的である。彼には、チッソ(近代)に蹂躙される水俣の患者(前近代)のあり方がよく見えた。時代錯誤の〝義理人情の男〟を標榜して近代に物申すのはまことに理にかなっていたのである。

闘争開始後、渡辺は書くだろう。〈資本と国家は、前近代的な共同性の中にまどろむ彼らを死にいたるまで追いつめた。追いつめられた彼らがたたかいに立つとき、彼らの生得の共同性の論理は前近代・近代を突きぬけて、資本制の根幹をゆるがし、人間の本質的共同社会の幻をえがき出さずにはおかぬだろう〉(『告発』第一三号)。

水俣病を告発する会

患者をめぐる状況は急を告げていた。互助会は六九年四月五日、確約書の対応をめぐり、分裂。四月一〇日、一任派代表は「確約書」五四世帯分を厚生省に提出。齋藤昇厚相は第三者機関設置を約束した。自主交渉派（のちの訴訟派）三四世帯は四月一三日、提訴を決定（二〇日に正式確認）。同日、一任派は市民会議脱退を申し合わせた（市民会議を自主交渉派と一体とみた誤解。のち撤回）。

渡辺京二の呼びかけで「水俣病を告発する会」ができたのは六九年四月二〇日である。座り込みの三日後、熊本市の社会福祉会館に二七人が集まった。①自分自身の課題として裁判を闘う②全国向け広報活動、裁判資金カンパなどを行う③活動費は自弁④組織は不定型——を申し合わせた。赤崎覚はこの場で、NHK職員の松岡洋之助に「水俣の患者と地獄の底までいくだけの度胸があるとかい」と迫っている。

五月一一日、会は結成趣意書の検討をした。「公害をなくすように」という意味のことを文言に入れようという意見が出たが、「そのようなとらえ方をすれば、一般化され薄められてしまう。われわれは『仇を討つんだ』という患者の気持ちに加担して行動するのだ」との主張が大勢を占めた。熊本の文化活動のキーマンだった県職員の高浜幸敏は「義によって助太刀いたす、に似ている」と洩らした。患者提訴の折、告発する会代表の本田啓吉が「義によって助太刀いたす」と述べて、会の姿勢を鮮明にしたが、趣意書検討の段階ですでに出ていた言葉なのだ。

渡辺京二が書いた趣意書は次のようなものである。〈水俣病について多く語る必要はない。それはわが国の資本制が生みだした「産業公害」の中でも、もつとも悲惨な一例に属する。「公害」

というしらじらしい言葉で形容するにはあまり露骨なその暴行的性格は、事実を知るものにとつては、もはやうたがう余地なく明白である。（中略）われわれは何をしなければならないだろうか。われわれには何ができるだろうか。われわれは、水俣病を自分自身の存在ともつとも根底において重なる肉親にくわえられた暴行としてうけとめ、なしうる行為をすべて行なうために、この会に結集した。われわれは、水俣病裁判をわれわれ自身の課題として全力をあげて支援する。さらに公判運動にとどまらず、課題の要求する一切の独自な活動を行なう。われわれは、現地にあつて先導的役割を果しつつある水俣病対策市民会議に敬意を表し、その活動に一切の留保なしに連帯する〉。趣意書と入会案内を一緒にして一枚のビラをつくった。

会の代表になった**本田啓吉**[16]は県立高校の国語教師である。一九五四年、『新熊本文学』の編集をする渡辺が熊本市内の本田の自宅に詩の寄稿を頼みに行ったのが最初の出会いだ。その後、『炎の眼』や『新文化集団』で文学仲間として切磋琢磨してきた。道子から支援組織をつくってほしいという依頼があったとき、〈威張る気など一切ない、自分の才を表す欲もまったくない〉本田がまっさきに頭に浮かんだ。

〈本田さんを代表にいただいたからこそ、あの会はあれほどきもちのよい会でありえたのだし、

16 本田啓吉（ほんだ・けいきち、一九二四～二〇〇六年）熊本県生まれ。高校教師。水俣病を告発する会代表。京大卒後、県立第一高校などの国語教師を務める。『新熊本文学』や『炎の眼』に詩などを発表。渡辺京二と親交があり、渡辺主導で告発する会が発足する際には代表に就任した。患者や支援者に「義の人」と慕われ、機関誌『告発』の編集・発行、裁判の支援、加害企業や行政への抗議活動などを行った。

またあれほどの結束を示すことができた〉と、のちに渡辺は回想している。県立高校教諭でありながら抗議活動の前面に立った。本田の自宅は機関誌『告発』の編集作業場になった。判決後にできる患者支援センターを「相思社」と名づけたのも本田である。

「義勇兵の決意」という本田の文章は、無私にして一徹な、玲瓏《れいろう》で剛毅な人柄をいかんなく伝える。〈いまや敵は目の前にいるし、その黒幕の権力もしっぽを出している。その敵は、厚顔にも、自分が毒殺したことを、ひそかに行なった実験で確認したあとも隠しつづけ、誰ひとり毒殺を疑わなくなった現在も、うやむやにしてだまし通そうとしている。（中略）敵が目の前にいてもたたかわない者は、もともとたたかうつもりなどなかった者である。そんならもう従順に体制の中の下僕か子羊になるがよい〉（『告発』第二号）。

熊本地裁に提訴

互助会訴訟派二九世帯一一二人は六九年六月一四日、チッソを相手に慰謝料総額六億四二三九万四四四四円を請求し、熊本地裁に提訴した。互助会結成から一二年余り。見舞金契約や世論の無理解などで泣き寝入りしかけたこともあったが、支援者の後押しもあって、〈チッソに宣戦を布告〉（『告発』第一号）することができた。

「弁護士さん達は私怨を捨てて裁判に臨めと言ったが、われわれはあくまで仇討ちとしてこの裁判をとらえる。われわれの態度は義によって助太刀いたすというところにある」と告発する会の本田代表は挨拶した。この闘争を患者の魂を表現するものとして闘うという意思表明である。

特筆すべきは原告団長、渡辺栄蔵の発言である。「今日ただいまから、私たちは、国家権力に

患者29世帯112人は熊本地裁に提訴。決意を述べる渡辺栄蔵原告団長（左端）。
中央は市民会議会長の日吉フミコ＝1969年6月14日、熊本地裁前

対して、立ちむかうことになったのでございます。これまで長い間苦しみ抜いた。裁判も長くかかり、さらに多くの苦しみが絶えないだろう。しかし全国から多くの弁護士さんがわれわれを、支援してくれるので心強い」。

渡辺栄蔵は裁判前、互助会について〈総評やなにかのように上から、だれかがつくってくれるものでなく、いちばん始まりから、自分たちだけのチエと力でつくらにゃなりまっせんでした〉と述懐している（『苦海浄土　わが水俣病』）。あの屈辱の見舞金契約。〈（水俣病の）原因のわからんちゅうて、市も県も会社も、だれひとりうてあいません。三十四年の補償交渉（見舞金契約）のときはそれで、自分の仇を自分でとりにゆく勢いでしかかりました。世論がしかし加勢しまっせんでした。仇をとるどころかあのようなことになりました〉（同）

というのである。今度こそ、の思いはあるが、しかし、今度負ければ、「もう水俣にはいられない」と考えてもいた。

長い間自宅で療養していた栄蔵の妻シズエが亡くなったのは六九年二月一九日。市立病院での解剖の結果、水俣病と認定された。栄蔵は心境をつづっている。〈永かった十二年間よくぞやってくれた。そろいもそろって三人の嫁たち、当地にいる長女等は小言一口聞いたこともない。今あらためて、妻にかわり礼をいわねばならない。（中略）永い間、寝たきりの母に、永い間文句もいわずにほんとうに親切に介抱してきた子供たち、うれしかった。たった今別れを告げる時、ほんとうに愛がこもり真ごころこめたこの別れ、私はこの子等をなんといって慰めたらよいのかそのみちさえ考えることが出来なかった。私も泣いた。心中で。そして思わず心の中でカアチャーンと呼んだ〉（『告発』第二号）。

渡辺栄蔵の「国家権力」という言葉に渡辺京二は感銘を覚えた。〝お代官への不信〟をむきだしにした民衆の姿である。確約書（白紙委任状）を求めるやり方などから私企業チッソの背後には国が控えていることを栄蔵は実感している。チッソと国が一体のものだということになれば、チッソに立ち向かう闘いは国を相手にする闘いにならざるを得ないのだ。〈もっとも基層におって、法律のことも知らなきゃ、政治のことも関係ない、そういう民がですね、初めて自分の言葉で裁判というものに対処する姿勢を訴えたわけですね〉（渡辺京二「水俣から訴えられたこと」）。

告発する会の活動の柱となったのは機関誌『告発』の発行である。「全国に発信したい」という道子の悲願に沿って創刊された。「定価三〇円」だったが、無料配布である。無料配布の方がカンパは集まりやすいのだ。カンパを運動資金にした。発行部数は創刊一年後の七〇年七月には一万部に達し、最盛期には一万九〇〇〇部になった。会の実質的な活動は四年半。「その間に一億円以上集まった」（渡辺）という。

六九年六月二五日に発行された『告発』第一号は四ページの構成。最終面に石牟礼道子の「復讐法の倫理」という文章が載っている。二七九〇字、四〇〇字詰原稿用紙七枚の分量である。〈もはや絶滅し果てるかと思われていた患者・家族〉が提訴した、と筆を起こし、一般市民の一部の〈血迷うたか。（中略）水俣市民四万五千のいのちと水俣病患者百人あまり、どっちが大切か〉という反応と〈血迷うたが文句のあるかな。（中略）たったひとりの人間の命ば考えずに四万五千人もへったくれもあるかい〉という患者の言葉を対峙させる。その次に〈アラブあたりのどこかの地域には、「眼には眼を」というあのハムラビ法典の同態復讐法がまだ現存しているという〉と唐突に書きつけ、〈「銭は一銭もいらん。そのかわり会社のえらか衆の上から順々に有機水銀ば呑んでもらおう、あと順々に生存患者になってもらおう」〉と患者の言葉を引用し、〈死につつある患者たちの呪殺のイメージは、刑法学の心情を貫いて、バビロニアあたりの同態復讐法への先祖返りするのもいなめない〉と書く。一般的な理解の尺度で読み取ろうとしたら、つまずくだろう。呪殺、バビロニア、同態復讐法……、なんとも奇怪な言葉のオンパレードである。しかし、渡辺京二の座り込みへのあの呼びかけ文以来の「かたき」「仇討ち」「義によって助太刀いたす」などの文言からの続きだと考えると、道子の文章も腑に落ちやすい。前近代的な呪術的文言をあえて闘争の柱に据えている。

渡辺京二が『告発』に書くときは「輪」というペンネームを用いる。会の行方をさししめすメッセージを発するとともに、文学・思想的にときに晦渋《かいじゅう》な道子の文章を補完し、解説する役割を担う。第九号の「患者を原点として」という文章は、道子の「復讐法の倫理」を渡辺の言葉に置き換えたものだ。

〈われわれの行動の根底にあったのは、石牟礼道子氏の『苦海浄土』にいみじくも描き出されているような、常に歴史の底辺にあって黙って生き黙って消えていく生活大衆がいわれなく負わされた受苦と、その中で示された偉大ともいうべき尊厳へのうずくような共感だった。自ら望んだのではなく、その生活の位相において決定的な資本と国家権力との対立に踏みこみ、体制の疎外者として生きて行かざるをえない水俣の漁民が、孤立のなかで放った連帯のメッセージへのどうしようもないコミットだった。告発する会の基調にいわゆる公害反対闘争と異質なものが感じられるとすればそのためだ〉。

なお、提訴と同じ日の六九年六月一四日、**川本輝夫**[17]ら未認定家族をかかえる六人が「認定促進の会」を結成している。潜在患者発掘と認定申請運動が活動の柱である。会の結成が提訴と同じ日なのは故意か偶然か。川本は六八年九月、水俣市人権擁護委員に「患者審査会の死亡者不審査の態度は、人権侵害では」と訴えたが、「銭が欲しかっか」と一蹴されている。川本の自主交渉運動は七一年末に一気に注目を集めるが、そこへ至るまでの活動はすでに始まっていた。

裁判が始まったことで、患者や家族の肉声が一般市民に届き始めた。六九年八月二日、告発する会主催で「水俣病患者を支援する夕」が熊本市民会館で開かれた。

〈田上義春（水俣病患者家庭互助会員、水俣病患者）今はチッソ開発というチッソの子会社で運転手をしています。さっき周囲の圧迫というのは具体的にどういうことかと聞いておられましたが、私なんかにも同僚が「お前たちが沢山金をとると工場はよそに行く。明治時代の寒村に帰ったら自分たちも困るじゃろが」とか「おまえたちは二千五百万で遊んで暮せるが、おれたちはどうしてくれるか」といいます。ものごとの道理よりやっぱりソネミ心になって来るわけです〉（『告発』第三号）。

〈坂本フジエ（水俣病患者家庭互助会員、水俣病患者家族）私はマユミという子を水俣病で三十一年七月に死なせました。三才と九ヵ月でした。最初水俣病が奇病といわれて伝染病扱いされていた時の苦しみは何といったらいいか、とてもみなさんにはわかってもらえません。お金持って買物に行っても店の中に入れてもらえなかったんですよ。人がきらうものだから子どもも外へ遊びに出さなかった。（中略）そのころは「支援する」などという言葉は一口もなかった〉（同）。

当面のカンパの目標金額を三〇万円と設定したところ、六九年八月二〇日、三〇万円を突破した。カンパに応じた人の中には映画監督の木下恵介、随筆家の岡部伊都子、評論家の小田切秀雄ら著名人も多数交じっている。『告発』の発行部数は五〇〇〇部に達した。

水俣病研究会

裁判の争点は「チッソの過失の有無」「見舞金契約の効力」の二点にあった。原告弁護団は六

17 **川本輝夫**（かわもと・てるお、一九三一〜九九年）熊本県水俣市生まれ。水俣病患者。元チッソ水俣病患者連盟委員長。漁業、土工、カーバイド工をへて準看護士として病院勤務。父を水俣病と認めさせるため自主交渉運動を展開。七一年、環境庁裁決で認定を得た一八家族で自主交渉を求めてチッソ東京本社に座り込む。七三年に一次訴訟原告と共に補償協定を勝ち取る。その後も患者発掘と行政責任追及に奔走した。水俣市議を三期務めた。

九年七月三一日提出の第一準備書面において、チッソの過失は「毒物劇物取締法」違反であるとして、次のように論を展開した。

「水銀及び水銀化合物は同法に定める毒物であるが、同法は、毒物の流出等を防ぐために必要な措置を講じなければならないとし、政令で定める技術上の基準によらなければこれを廃棄してはならない旨規定しているにもかかわらず、被告はこれらの義務に違反して毒物たる水銀ないし水銀化合物を工場外に流出させ、その結果水俣病を発生させた点に過失がある」

被告は第一準備書面で反論してきた。「水銀が毒物及び劇物取締法に規定する毒物であることは認める。ただしこれは昭和三九年七月一〇日法律第一六五号による同法の改正後のことである」というのである。

原告弁護団の過失論は被告弁護団によってあっさりと否定されてしまった。チッソの弁護団は、村松俊夫、兼子一ら日本を代表する民事訴訟法学者が名を連ねていた。原告弁護団は熊本県外弁護士が約二〇〇人いたが、大半が名前だけの参加。熊本県内の弁護士約二〇人が頼りだった。

市民会議は、患者班、裁判班、教宣班、財政班の四班体制で支援をすることを決めた。裁判班は、翌年チッソ第一組合委員長となる**岡本達明**[18]ら四人である。岡本らは弁護団と接して愕然とした。〈役割分担も決まっていなければ、責任態勢もない。急な寄せ集めだから弁護団としての体をなさないのだ〉(『水俣病の民衆史』第三巻)。

チッソに一蹴された「毒物劇物取締法」違反論の第一準備書面も、〈このような過失論で勝てるとは到底思えなかった〉(同)ので、書面の提出前に立論に反対したのだが、弁護団は「工場の労働者はレベルが低い」と聞く耳をもたず、結果は案の定だった。

こうなれば市民会議や告発する会の素人集団で準備書面をつくらざるを得ない。岡本は、告発する会の実質的リーダーの渡辺京二と面会し、「渡辺さん、水俣病研究会をつくってくれ」と頼んだ。「弁護団に任せたら駄目ばい。そればつくらにゃんから人ば集めてくれ」と言うのである。

水俣病研究会は裁判対策に特化したチームとなるので、中心となる法律家が必要である。渡辺の旧制五高時代の恩師が熊大にいた。恩師によると、**富樫貞夫**[19]という反骨精神にあふれる法学者がいるという。渡辺は熊大の富樫研究室に行って会への参加を打診し、快諾を得た。

六九年九月七日、水俣病研究会（当初の名前は裁判研究会）が発足。水俣病裁判を支える法理論の構築および事実データの収集・解析をし、準備書面を書くのが任務である。裁判の帰趨を左右するのは言うまでもない。メンバーは以下の通りだ。

〈熊本大学＝原田正純（神経精神科）、二塚信（公衆衛生学）、富樫貞夫（民事訴訟法）、丸山定巳（社会学）、有馬澄雄（法文学部学生）／市民会議裁判班＝岡本達明、花田俊雄、山下善寛、小坂谷

18 岡本達明（おかもと・たつあき、一九三五年〜）東京都生まれ。元チッソ水俣工場第一組合委員長。水俣病研究者。患者との信頼関係に基づく丹念な聞き取り調査をベースに『聞書水俣民衆史』（全五巻）、『水俣病の民衆史』（全六巻）、西村肇との共著『水俣病の科学』など水俣病研究に必須の文献を完成させた。水俣病市民会議にも参加。七〇〜七七年の第一組合委員長時代、水俣病裁判での法律論構築に尽力するなど患者支援に貢献した。

19 富樫貞夫（とがし・さだお、一九三四年〜）山形県生まれ。法律学者。熊本大名誉教授。水俣病研究会代表。水俣病第一次訴訟の際に結成された同研究会に参加。ただ一人の法律の専門家として化学工場の操業には「安全確保義務」が優先されるという画期的な「過失論」を構築。原告を勝利に導いた。著書に『水俣病事件と法』など。編著に『水俣病にたいする企業の責任　チッソの不法行為』『水俣病事件資料集』（上下巻）など。

義／告発する会＝本田啓吉、宮沢信雄、半田隆、小山和夫、石牟礼道子／オブザーバー＝宇井純、近藤完一、阿部徹（民法、熊本大、のちに岡山大）〉。

会に参加した原田正純は〈私たち自身の水俣病告発の運動〉（『水俣病』）と抽象的な言い方をしているが、既述の通り、実際には事情はもっと切迫しており、研究成果がそのまま原告準備書面になるという死活的使命を担っていた。

水俣病とは何か。会は「そもそもの」医学定義から検討し直した。原田は当初、医学の専門家としての自負をもって参加したが、会の討論に参加するうち専門家としての自負は崩れていった。〈前もって自分の主張をプリントして配るのであるが、全体の討論のなかで私の文章はズタズタにされていった。私は、そのなかでさまざまなことを学んだ。とくに論理の立て方や、実証のあげ方、共同研究のあり方、さらに専門家とはいったいなにかというような問題にまで、目をひらかされていった〉（『水俣病』）。

水俣病研究会は七〇年八月、研究成果を『水俣病にたいする企業の責任　チッソの不法行為』にまとめた。「水俣病の実態」「発生の因果関係」「チッソの過失」「チッソの行動様式」の四部構成。当時、最新の知見を盛り込んだ精緻なものである。冒頭に「水俣病」の定義がある。「原因不明の中枢神経系疾患」を公式確認した細川一博士以来の、疫学、臨床、病理学の蓄積をベースにしたものだ。当初は正体不明だった、世界初の公害病の実態に迫ろうという必死の気迫がよく磨かれた単語のひとつひとつににじむ。

〈水俣病とは、工場廃液に由来するメチル水銀によって汚染された魚貝類を、多量に摂取することによっておこった、中毒性脳症（Encephalopathia toxica）である。病理学的には、中枢神経系の選択的な障害、なかでも小脳顆粒細胞層および大脳皮質鳥距野の障害と末梢神経の障害が、臨床的には運動失調、構音障害、求心性視野狭窄、難聴、知覚障害、知能障害などが多くみられる特徴をもつ疾患である。胎児性（先天性）水俣病とは、母親が、メチル水銀で汚染された魚貝類を摂取することによって胎盤を通じて起こるメチル水銀中毒性脳症で、病理学的には白質の変化、脳の発育障害が著しく、臨床的には高度知能障害、原始反射、小脳症状、姿態変形、構音障害、発育制止などを来たす疾患である〉。

既述の通り、水俣病研究会が最も重視したのは「過失論」である。水俣の裁判の場合、過失があったかどうかということが、最も大きな争点となった。チッソは、民法七〇九条（不法行為の要件と効果）「故意又ハ過失ニ因リテ他人ノ権利ヲ侵害シタル者ハ之ニ因リテ生シタル損害ヲ賠償スル責ニ任ス」における過失はないと主張した。その具体的な内容は以下の通りである。

「被告はメチル水銀による水俣病の発生について予見可能性がなかった。六二年半ば頃まではアセトアルデヒド製造工程中に塩化メチル水銀が生成するという事実は理論上も分析技術上も予見し得ないことであったし、メチル水銀化合物によって水俣病が起こるということも予見不可能であった。魚介類への移行・蓄積を経て人に水俣病を発生させるという理論は、原告らの発病当時にはなかった。被告は結果回避義務をつくした。工場排水と関係ありとの説に関しては、排水処理につきあたう限りの努力をつくしてきた」（「被告第二準備書面」を要約）。

メチル水銀による水俣病の発生については予見可能性がなく、したがって過失はなかった、というのである。当時の過失論では、結果発生に対する予見可能性があったかどうかによって過失の有無も決まるという考え方が支配的だった。従来の判例、通説に沿ったチッソの無過失という主張を退けるには、新たな過失論が必要だった。

研究会の中でたったひとりの法律学者である富樫に頼らざるを得ない。富樫は、『朝日ジャーナル』（六九年一一月一六日号）の座談会「農薬の人体実験国・日本」における原子物理学者、武谷三男の発言に注目した。〈武谷氏は、農薬に限らず、毒物を使うときには、無害が証明されない限り使ってはいけないというのが基本原則であって、逆に有害が証明されない限り使ってよいというのは非常に困る、と述べていた。これは、「安全性の考え方」といわれるものだが、この考え方は、化学工場の排水処理にもそのまま妥当するはずだ。そのように私は直感した〉（富樫貞夫『水俣病事件と法』）。

富樫はまた米国の工場廃水処理に関するガーンハムという人の教科書に接し、武谷と同様の安全性の考え方に貫かれていることを確認した。新しい過失論の方向が定まった。〈私たちは、注意義務を「安全確保義務」として再構成し、ガーンハムの著書に導かれながらその内容を具体的に展開していった〉（同）。

『水俣病にたいする企業の責任』の記述から、富樫がたどりついた過失論を要約する。来たる判決は富樫の論を基盤に構成されていた。

「大規模な化学工業を営むチッソは高度の注意義務を課せられている。生産過程はチッソの排他的な支配・管理のもとにおかれ、専門的知識もチッソが独占している。住民の側から危険を防止する方法はなく、危険を防止し得るのはチッソだけである。加害者となるのは常にチッソであり、住民は常に被害を受ける側に立たされている」。

注意義務の内容、すなわち「安全確保義務」とは次のようなものだ。工場廃水放出先の環境調査〔事前調査〕▽工場廃水の成分と流量の研究・調査▽廃水処理方法の研究・調査▽廃水放出後の監視調査〔事後調査〕▽製造工程から見た廃水の研究・調査▽廃水の分析――など。

チッソは予見の対象をメチル水銀化合物の生成・流出とそれによる水俣病の発症に限定した上で、これらの点について予知・予見できなかった以上、過失はないと主張する。チッソの考え方への反論は以下の通りである。

「予見ないし認識の対象となる事実とは水俣病という具体的な被害の発生である必要はなく、そのもとになる違法な事実の発生で足りる。仮に、メチル水銀の生成、流出、蓄積による水俣病の発生について予見可能性がなかったとしても、安全性不明の廃水をたれ流す危険について予見ないし予見可能性があれば、過失はある」。

新たな過失論の構築に岡本らは安堵した。率直な意見のぶつけ合いから活路を見いだしたことで、寄せ集めから出発したメンバー同士の絆が強まった。アセトアルデヒド工程の操業マニュアルなど水俣工場の労働者からの情報提供も受けつつ、秘密保持の藪の中の廃水処理の変遷や実態を詰めていった。

第一回口頭弁論

第一回口頭弁論が開かれたのは六九年一〇月一五日である。ちょうど一年前、新潟水俣病裁判の出張尋問が熊本地裁であった。熊大の入鹿山且朗、武内忠男、徳臣晴比古の三教授が水俣病について証言した。徳臣教授は水俣病の患者の映像も公開し、浜元二徳《つぎのり》の父母の闘病の様子も映し出された。

『告発』第六号の石牟礼道子の傍聴記によると、患者らは早朝のバスで水俣を出ねばならず、朝食を食べる時間がなかった。バスの中で新聞紙に包む握り飯をほおばる。マイクを持った浜元は「お父っつあんやおっ母さんの死なるときの姿を、みせてもろうた日も今日。場所も熊本地裁第一号法廷。そこへ今からゆく」と昂揚した様子で語った。

水俣から来た患者家族と支援者六六人。原告弁護団が訴状を朗読した。二九世帯分の患者たちの発病から死亡に至るまでの経緯を読み上げる。石牟礼道子の関心は、裁判所の手続きよりも、患者の反応にある。法廷というものを患者は初めて見て、チッソの関係者や弁護士を目にするのである。三九歳の患者田上義春の語りがつづられる。

〈裁判所ちゅうとこに這入ってゆくときは、悪かことしたおぼえはなし、犯人は会社じゃもねと、心の中じゃおもうておっても、生まれてはじめてゆくけん、なんとのうおとろしか。屠所の羊のごたる気持じゃった〉。

〈それにチッソの弁護団。いやたまがるばい。天下周知の大悪業の、味方するちゅう人間が、まさかに出るみゃあと思うとったが、いや世の中じゃ。やっぱり出てきおった。ホウ、ホウ、これがチッソの味方するちゅう弁護士か。ひとり、ひとり、ホントの話、後学のため、穴のあくほど、悪業の味方する人間の面ちゅうもんをば打ち眺めたよ〉。

患者代表の渡辺栄蔵が「伝染病扱いされ、村八分にされたこともあった。買物をするときなど、代金を手でなく、物を使って受けとられたりもした。舟を売り、家さえも売った人がいる。神仏はないものかと感じる生き地獄の毎日だった。公正な裁判で一日も早く結論を出してほしい」と異例の陳述をした。

一三歳の胎児性患者、上村《かみむら》智子も法廷に来た。最前列。父親上村好男に抱かれる智子が、うなじをがっくり仰向けにたれたまま、言葉にならぬ声をあげ始める。退廷を言い渡された。〈唄だったかもしれぬ。泣き声だったかもしれぬ。水泡のごときものだったかもしれぬ。まぎれもなくそれは、この法廷にふさわしく、「生きとるまんま、死んだ人間」の声でもあったのに〉と道子は書いた。

補償処理委

訴訟派とは別の道を歩む一任派はどんな状況に置かれたのか。一任派代表の山本亦由は、政府の公害認定から一年たった六九年九月頃、次のように述べている。

〈六月に委員の方達が事情聴取に来ただけで、その後、何の音沙汰もないのが不満です。八月十一日現在で十一回の委員会を開き、九月になってからは毎週ぐらいに委員会を開いて話し合いをするということを聞きましたが、いったい何が話し合われているのか全然わからない〉(『告発』第四号)。

「死亡者二〇〇万円、生存患者には一四～三〇万円の年金」。補償処理委のあっせん案を毎日新聞は七〇年三月五日付の紙面でスクープした。山本代表は「絶対に受け入れられない」とコメントした。報道後、補償処理委の千種達夫座長は「昭和三四年(五九年)の見舞金契約を基盤にして」と述べている。見舞金がベースなら低額になるのは当然である。

一任派は動揺した。〈「こんな額を委員会が出すはずがない。会社がわしたちの様子を見るために流したデマにちがいない」〉(『告発』第一〇号)〈「最低十四万ということならなにも政府におねがいすることはなかった。今だって出ていることだから。特に胎児性の子の場合、こんなに低い額では絶対にだめだ。あとの面倒を見てくれる人がいなければ死ぬこともできない」〉(同)。

比較的穏当だったチッソの言い分が強気になっているのも見過ごせなかった。〈会社も公害認定当時は、見舞金契約にこだわらずにといい、次いで見舞金の上積み程度といい、裁判の進行につれて、見舞金契約は和解契約であり、あらたな補償要求は失当だと開き直って来た〉と『告発』第一〇号は伝えている。実際、チッソは「損害賠償義務を認めて依頼したのではない。(昭和)三四年の契約には金額を物価にスライドさせる条項がある。その後の物価上昇をスライドする分の算定を補償処理委にお願いした」と開き直りともとれる発言をしている。

告発する会と市民会議合計六〇人は七〇年四月三〇日、浮池正基水俣市長とチッソに対し、「補償金額の根拠は?」と問いただした。補償処理委は第三者機関との体裁をとりながら実際はチッソの代弁者であるという意味での抗議でもある。チッソの全面支援で当選した浮池市長はチッソの「物価スライド発言」を事実と認め、「チッソの言うことはおかしい。責任がないなどという発言はつつしむよう申し入れる」と約束せざるを得なかった。

七〇年五月四日には西日本新聞が「死者最高三〇〇万円、年金一六~三二万円」と続報を出した。見舞金契約並みの低額回答になる可能性が高まった。「海も人もすすり泣いています」と患者や支援者は嘆いた。

補償処理委は、七〇年五月二五日に補償金額を回答することを明らかにした。告発する会の実質的指導者、渡辺京二は、「補償処理は絶対潰さにゃいかん」と回答会場の占拠を決断した。回答そのものを阻止するのである。渡辺は自ら筆をとり、〈「告発」によって結ばれた全国の友よ〉

と、阻止行動への参加を呼びかけた。

〈全国の友よ。われわれは、今回の事態があの「うらみの昭和三十四年」の再現であることにあなたがたの注意を喚起する。三十四年、あなたがそこにいたら、あなたは何をしたか。今、われわれに突きつけられているのはそういう問なのだ。友よ、われわれは今、自分のすべての存在をかけるべき時だ。われわれ告発する会は、その全存在をかけて補償処理委の回答を阻止することを決意した。今必要なのは抗議の身ぶりではない。阻止の意志と行動である。(中略)われわれは自分の直接的存在をそこによこたえることによって、処理委の回答を阻止する〉(『告発』第一二号)。

厚生省占拠

七〇年五月一四日、渡辺栄蔵ら訴訟派患者家族七人がチッソ本社前に座り込んだ。チッソ、厚生省、補償処理委への抗議である。会社は「道義的責任は感じるが、裁判では徹底的に闘う」と繰り返すのみ。同一五日、渡辺らは厚生省で橋本龍太郎政務次官と面会した。渡辺が「政府は人命尊重というが、厚生省はどうも真剣に考えていないようだが」と発言すると、橋本は「そういうことを言うなら会う必要はない」と居丈高に言う。日吉フミコが「あなたはエライかもしれないが、このおじいさん(栄蔵)は七二歳ですよ。あなたはこの人の孫くらいじゃないですか。年寄りの言葉に耳を傾けない態度は何ごとですか」といさめる一幕があった。

一任派は山本代表ら一三人に全権を委任。五月二三日、山本代表らは上京した。告発する会の戦術会議。「全存在をかけて処理委の回答を阻止する」という渡辺の発言に対し、全共闘の熊大

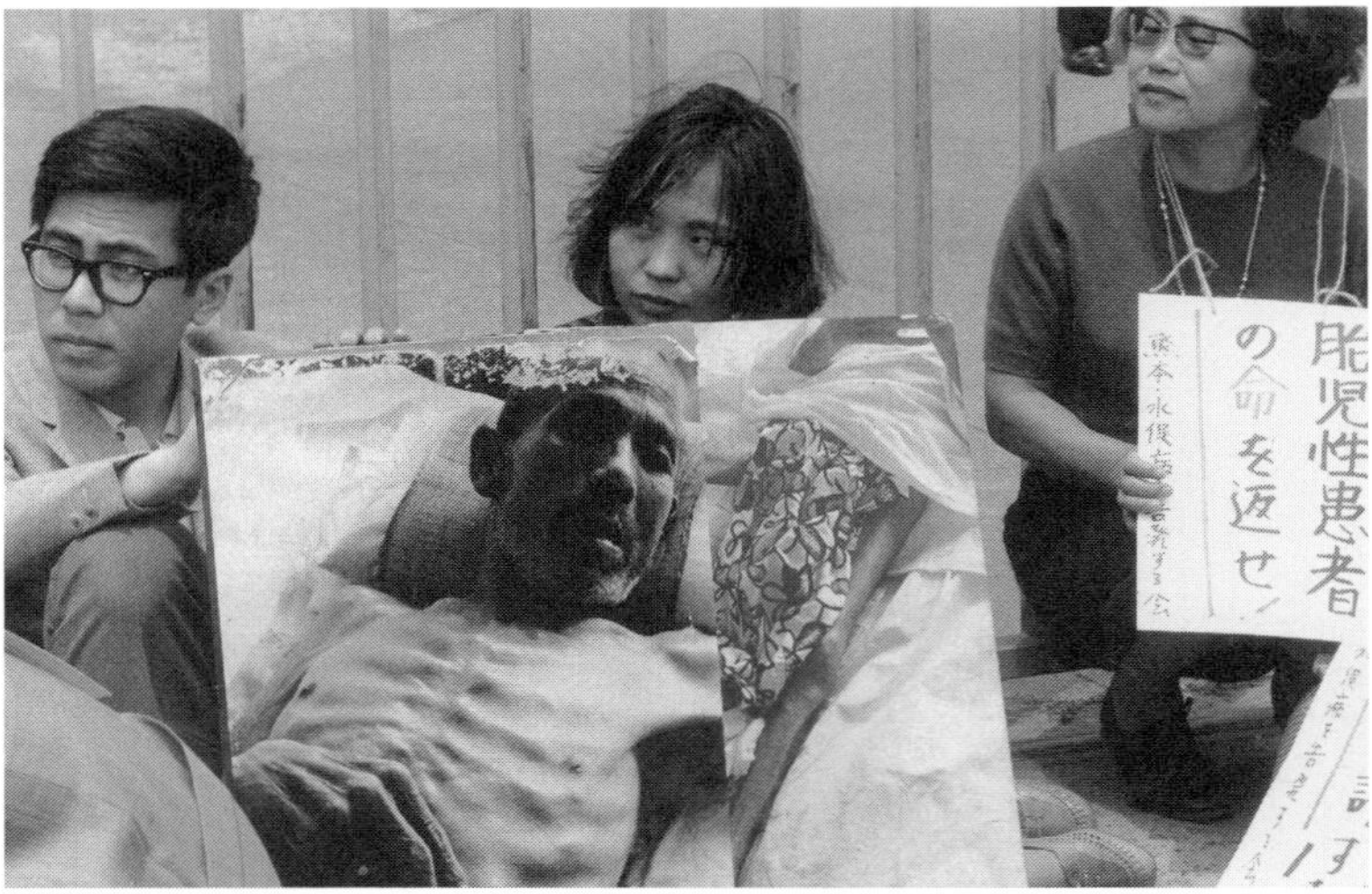

水俣病の惨苦を訴える石牟礼道子（中央）＝1970年5月25日、東京・厚生省前

法文学部副委員長の福元満治が「全存在をかけるなんてできるわけがない」と異議をとなえた。直後に、「小賢しいことを言うな。これは浪花《なにわ》節《ぶし》だ」という渡辺の言葉が居合抜きのように一閃した。

五月二五日午前八時、東京・日比谷公園に約一二〇人が集結した。その後、二〇〇〜三〇〇人に増えた。石牟礼道子や本田啓吉らを先頭にデモ隊は厚生省を目指す。水俣病患者のパネルを掲げている。「だれがこんな姿にしたのか。お前たちはだれを守ろうとしているのか」と本田が咆哮した。厚生省は出入口を封鎖。デモ隊は厚生省前で気勢を上げた。しかし、デモはおとりなのである。作戦の主眼は処理委の回答阻止だ。

午前九時、七〇年一〇月から東大で自主講座「公害原論」を主宰する宇井純、記録映画作家の**土本典昭**[20]、告発する会の半田隆、渡辺、福元、支援学生一六人が厚生省裏の門を乗り越えた。

五階の処理委を目指して階段を駆け上る。

結核の手術をした当時三九歳の渡辺は遅れがちになる。最後尾であえいでいると、学生ふたりが両脇をつかんで引き上げた。〈警察にパクられることはわかっていたので、生活がかかっている妻子持ちには具合が悪い。それを承知で10歳も上の渡辺さんが、運動に対して考えを述べるだけでなく行動もともにする、それは僕ら若い者には感動的だった〉。早大大学院修了の行動隊長、島田真祐（当時二八歳）はそう回想している（『AERA』二〇一四年八月一一日号）。

島田が渡辺と初めて会ったのは、渡辺がチッソ水俣工場前で座り込みを行った六九年四月一七日の前日夜である。島田が熊本市の酒場にいると、白い布で巻いたむしろを抱えた男ふたりが入ってきた。ビラ配りを終えたばかりだという。島田は年長の男に「何をするんですか」と聞いた。「水俣たい。いまから座り込みに行く。あんたも行くか？」と返したのが渡辺だった。島田は座り込みには加わらなかったが、この偶然の出会いが、闘争に参加するきっかけとなった（『熊本日日新聞』「なぎさの向こうに　闘争は問う」二〇一七年五月二六日）。

「われわれは処理委の会場を占拠したぞ！　われわれは占拠したぞ！」と宇井が窓から身を乗り出して叫ぶ。「ただいまから抗議文を読みます」と土本が大声を上げた。成り行きを注視してい

20　土本典昭（つちもと・のりあき、一九二八〜二〇〇八年）岐阜県生まれ。記録映画作家。六五年ごろから水俣病に注目。「記録なくして事実なし」を信条に、『水俣　患者さんとその世界』（七一年）など水俣をテーマにした映像作品一七本を制作。厚生省占拠など支援闘争にも参加した。患者の遺影収集にも力を入れ、九六年の「水俣・東京展」には約五〇〇人の遺影を展示した。著書に『映画は生きものの仕事である』など。

たデモ隊から拍手が起きる。

突入した一六人はスクラムを組み、二列で座り込む。午前九時四五分、警官隊が導入され、渡辺、半田、宇井、土本、島田、福元ら一三人が逮捕された。逮捕の際、大柄な土本は仰向きになって動かない。警官四人がかりでも動かず、うんざりした警官のひとりが「おっさん、ええ加減にせんかい」と言った。土本は水俣の記録映画を撮り続け、一九九四〜二〇〇五年には、水俣病犠牲者の家を回って、遺影写真をコピーして集めた。当時死者は一〇八〇人。その遺影を集めて水俣フォーラムの「水俣・東京展」に展示した。遺影展示は現在の水俣展にも引き継がれている。

逮捕された一三人は丸の内署など三署に分散留置された。取り調べには雑談以外は全員が黙秘を貫き、二八日夕方、釈放された。

当日、補償処理委が出したあっせん案は、死者一時金一四五〜三五〇万円（見舞金契約による支払い分を控除）、生存者一時金五〇〜一九〇万円、年金一七〜三八万円――など。同時期の大阪ガス爆発事故の補償金は八〇〇〜一九〇〇万円である。水俣で待機していた一任派患者らはあまりの低額に声を失った。水俣からいくつもの悲痛な電報が東京の山本代表に届いた。

〈「アノガクデハノメヌ　スグカエレ」イチニンハ　ユウシイチドウ〉。

〈「シンデモシニキレヌ　インカンオスナ　スグカエレ」タイジセイハハオヤ〉。

山本代表らは「死者に一〇〇万円上積み、生存者一時金倍増」を要求した。五月二七日、死亡者一時金二五〜五〇万、生存者一時金一〇〜三〇万円アップで決着し、調印した。

〈「こげなあっせん案ばこしらえるのに、なんで一年もかかるもんか。ああ、こんなに時間がかかるなら仕方なか、と患者に思わせるための一年じゃ」〉。訴訟派の渡辺栄蔵の感想である（『告

上｜厚生省の補償処理委が出したあっせん案を受け入れ、
調印に応じる山本亦由一任派代表＝1970年5月27日、東京・厚生省
下｜補償処理委のあっせんに抗議し、裁判への決意を述べる家族代表の
坂本フジエさん＝1970年5月27日、水俣・チッソ水俣工場正門前

発』七〇年六月一四日「号外」)。

厚生省職員から呼応する動きがあった。うれしい反応である。有志のビラが出た(同)。〈私達は厚生省に働いていながら水俣病事件の実体をあまりにも知らなさすぎたことと同時に、企業と厚生省当局が一体となって各種公害被害者をヤミからヤミへと葬り去っていきつつあることを昨日、自分の目で見、自分の耳で聴いたはずである〉(五月二六日)。〈患者がこのあっせん案を拒否すると当局は患者達を厚生省から一歩も出さず、新聞にも目を通させないという陰険な手段をもって対応した事実に対して我々はもはや黙認してはいられない〉(五月二七日)。

補償処理委の調印が東京であった五月二七日、訴訟派患者家族と市民会議、新日窒労組は水俣工場正門前で座り込みを行い、二〇本の呪いの弔旗《ちようき》を立てた。補償処理委への抗議の意志を込めた慰霊祭である。チッソの企業責任を追及する第一組合の八時間ストが午後四時から行われた。日本初の公害ストだ。

巡礼団

厚生省占拠を契機に、「東京・水俣病を告発する会」が七〇年六月二八日、発足した。以後、京都、大阪、名古屋、福岡など全国一三カ所に告発する会ができた。

七〇〇人が参加した東京・告発の結成大会に招かれた渡辺栄蔵は「天は自ら助くるものを助く。私たち水俣病患者は、権力と雌雄を決しようとがんばっておりますが、何しろ相手は国家と資本、みなさんのあたたかいご支援なしには……」と述べ、食い入るように見つめる参加者に向け「人のためと思えばそのうちにあきがきます。どうか、みなさん。人のためと思わず、自分のためと思って闘って下さい」と挨拶した。

渡辺とともに東京に行った日吉フミコは「今度のことは患者さんと全国の人たちとの連帯の場を作るということですからね。私も方々行ったけれども、どこの会場でも全部が全部ではないにせよ、自分のこととしてやらねばならんと思ってくれる人がかならずいるということですよね。自分がここまで真剣に考えているだろうかと恥かしくなるような人がいます。どこからあの熱は来るんだろうかと思うんですよ」と語った（『告発』第一八号）。

〈もし、ヒトが、今でも／万物の霊長やというのやったら／こんなむごたらしい／毒だらけの世の中／ひっくり返さなあきまへん。／（中略）もし、あんたが、ヒトやったら／起ちなはれ／戦いなはれ／公害戦争や。水俣戦争やでェ。／戦争のきらいなわしらのやる戦争や。／人間最後の戦争や。正念場や。／勝たなあかん。勝ち抜かな〉。

東京・告発する会の代表世話人、**砂田明**[21]が結成大会で朗読した詩「起ちなはれ」の一節。白の巡礼姿の砂田は、東京〜水俣の巡礼計画を明かした。カンパを集めながら徒歩で水俣へ行く。砂田を団長にした一〇人の「東京・水俣巡礼団」が東京を出発したのは七〇年七月三日である。四

21 砂田明（すなだ・あきら、一九二八〜九三年）京都市生まれ。劇作家。演出家。俳優。七〇年、石牟礼道子『苦海浄土　わが水俣病』に感銘を受け、東京・水俣病を告発する会の代表世話人となる。東京〜水俣を巡礼姿で若者と行脚。七一年に始めた一人芝居『天の魚』公演は五〇〇回を超えた。七二年、水俣へ移住。七九年、水俣病患者田上義春と乙女塚農園を始め、その一角に患者の霊をなぐさめる乙女塚を建立した。

全国行脚出発前に東京のチッソ本社前で訴える巡礼団
＝1970年7月3日、東京・チッソ本社前

二歳の砂田以外の平均年齢は二一歳。大学生や劇団員らだ。

水俣へ着くまでの八日間、巡礼団は民衆の真情に向き合うことになる。日比谷公園では日雇い労働者たちが一〇円をくれた。熱海駅前では小学生の女子が一〇円。五〇〇円出して四〇〇円のお釣りを求めた大阪のおっちゃん。博多駅前では二〇歳ぐらいの女性が一〇〇〇円の浄財を出し、手紙を置いていった。「闘う人たち、巡礼さん！　ごくろうさん！　私も負けないで闘いたい！　はげまされました！　巡礼さんの博多入りをきいて会社からとびだした女の子より。新しい世の中をつくりましょう！」。

巡礼団が集めた浄財は八日間合計六七万三二八四円。熊本で七月九日に開かれた患者激励大集会の場で患者家族に渡した。『告発』（第一八号）の患者家族座談会で、患者らは正直な気持ちを吐露している。

〈カンパを下さった時はみんな泣いたですよ。ああいう場面は互助会始まって以来はじめてじゃった〉(田中義光)。〈こういう支援が全国から盛り上ろうとは、裁判前は予想もつけちゃおらんだった。裁判に踏み切るときも、市民会議が支援してくるるというが、うそかまことか十分ただした上で踏み切った〉(渡辺栄蔵)。

巡礼団の善意に感謝しながらも、裁判に踏み切ったときの不安で複雑な気持ちを思い出すのである。病苦、貧困、差別で凍りついた魂を、巡礼団の無私なる熱い魂がやっと溶かしたということか。

砂田が水俣病患者の支援に身を投じたのは『苦海浄土　わが水俣病』がきっかけである。〈比喩でなく魂をわしづかみにされた。何者かに抗いがたく招かれて、己が運命との出会いにむかって進んでいくような気持ち〉と日記に書いている。砂田は七二年に水俣に移住。一人芝居『天の魚《いお》』は七一年から全国を巡回し、上演回数は五〇〇回を超えた。

水俣市袋の丘の上に田上義春の自然農園がある。砂田は七七年、農園の一番上に、二一歳で亡くなった胎児性患者、上村智子と生類一切を鎮魂する「乙女塚」を建てた。互助会は水俣市などが毎年五月一日に開く公式慰霊祭には参加せず、「乙女塚」の前で独自に慰霊祭を行っている。

第四章　困難、また困難

臨床尋問

七〇年七月四日、細川一医師の臨床尋問が行われた。砂田ら巡礼団が東京を出発した翌日のことだ。工場廃水が水俣病の原因だと猫四〇〇号実験で突き止めた細川は肺がんで東京癌研究所附属病院に入院中である。

裁判の焦点は、チッソが工場排水を水俣病の原因と認識していたかどうか、である。チッソは「排水に有機水銀が含まれていることを当時は知らなかった」と強弁していた。細川は証人になることを逡巡しなかった。

主尋問を新潟水俣病弁護団の坂東克彦、補充尋問を熊本・水俣病訴訟弁護団の千場茂勝が担当した。坂東は細川が六五年に新潟を訪れて患者を診察して以来、新潟訴訟の進行状況を細川に逐一報告するなど兄弟のような信頼関係があった。

尋問が午前一〇時二〇分に始まった。坂東は猫四〇〇号実験に絞った。細川は「猫の発病に私はびっくりしました。これは水俣病じゃあなかろうか。私自身が技術部に報告に行きました」と語った。「会社の技術部も猫四〇〇号のことは知っていましたか?」と問うと、「ええ」と細川は肯定した。証言要旨は次の通りだ。

「病院に猫係という組織ができ、五七〜六一年、約九〇〇匹の猫の実験をした。直接水銀を使っている工場の廃水を集中的にやりたかった。五九年七月頃、酢酸係から出てくる廃水を取りに行った。その廃水を毎日二〇ccずつ基礎食にかけて投与した。

一〇月六日に回走運動があった。よだれをたらしてけいれんしてうずくまる。水俣病に酷似している。同二一日に本格的な回走運動があった。死んだ猫の病理解剖を九大へ依頼した。すぐ技術部に行った。また廃水を取りに行ったが、今度は取らせてくれなかった。

それより前の五七年秋、工場排水の流れ込む水俣湾のクロ貝（ヒバリガイモドキ）とカタクチイワシを猫に与える実験をしたところ、水俣病が発症した。排水口に近いものほど発症率が高かった。実験は技術部と一緒にやった」。

光子夫人によると、細川は証言後、「自分で点数をつければ百点満点。坂東さんに聞いてもらってとてもよかった」と言った。細川は坂東に「水俣病患者の中には患者でない者がまじって入ることがあるかもしれない。しかし、肝心なのは、入るべき者がぬけてしまってはならないことである。あまり正確さを求めることは意味がない」とも語っている。

細川は、『人形の家』で知られるノルウェーの劇作家、ヘンリック・イプセン（一八二八〜一九〇六年）の戯曲『民衆の敵』を愛読していた。水俣出身の詩人、谷川雁の紹介である。主人公の医者は町の原因不明の病気の原因を工場排水だと突き止めるが、兄の町長から口止めされる。町のマイナスイメージになるというのだ。主人公は「多数の民衆が正しいのではなく、真理そのものが正しいのだ」と主張するが、町民からは「民衆の敵」と攻撃される。水俣における細川の立場を反映したような筋立てである。

谷川雁は水俣市の眼科医谷川侃二の次男。侃二と細川は医師同士の交流があった。石牟礼道子は雁の妹徳子と小学校の同級生。道子は〈広い裏庭には枇杷《びわ》の木が四、五本あった〉〈大きな屋敷〉（『葭の渚』）の谷川家にしばしば遊びに行った。健一、雁、道雄、公彦の著名な谷川四兄弟の青年期の姿を見かけたこともあったかもしれない。五八年に「サークル村」に入った道子は森崎和江と新たな生を営む雁の姿をそこで見た。雁は五四年以来、文筆活動の先達として渡辺京二とも交流を重ねており、五〇〜六〇年代の九州の政治・文化シーンのキーマンと言うべき存在だった。

七〇年一〇月一三日、細川が死去、六九歳。石牟礼道子は、『苦海浄土　わが水俣病』冒頭付近に「細川一博士報告書」（五六年）を丸ごと引用するなど、細川とは浅からぬ縁があった。水俣病事件の内実を知るチッソの医師ということ以上に、自分のことは放っておいて他者を気に掛ける人柄に魅かれていた。〈水俣病の話など、なぜこのきよらかな先生にたずねなければならないのか。いつも私はそう思っていた。ノートも控えた。戦争の話や、夫人との御結婚当時のお話、愛嬢静子さんのお話をよくされた〉（石牟礼道子「もうひとつのこの世へ」）と書く。闘争のテーマとして掲げる「もうひとつのこの世」の入口かもしれぬ細川の人物そのものが興味の対象なのだ。

七〇年五月四日、道子は細川を見舞うため家を出た。途中の岩国から細川が入院している四国伊予大洲の病院に電話した。電話に出た細川は「東京の癌研に入院しますから、東京に来てください」と話す。七〇年五月二四日、癌研の細川を見舞った道子に、細川は語る。

〈「——あの子どもたち……ずいぶん、大きくなったでしょうね。どうしていますかしら……」

あの子たち、とは、先生のノート（わたくしたちはそれを細川ノートと呼んでいた）のカルテの中に生き残っている、胎児性水俣病の子たちのことである。――元気にしています――といえば、そらぞらしい。すぐに先生は気がつかれ、涙が、仰臥されている目にふくらんだ。「おおきく、なりました」わたくしはそのように申しあげる。（中略）いかような死と、生のすがたであったのか、たぶんまなうらに灼《や》きついているにちがいない〉（苦海浄土第三部『天の魚《いお》』）。

道子は細川の死を語るとき、〈われのいまわも鳥のごとく地を這う虫のごとくなり／いまひとたび、にんげんに生まるるべしや／生類のみやこはいずくなりや〉（石牟礼道子「わがじゃがたら文より」）という祈りの文句を書きつける。みずからの悲しみに殉じるための道子の生類との道行きには細川も加わっていた。

一株運動

「一株運動」を東京・告発する会の後藤孝典弁護士が提案したのは七〇年七月一八日の同会例会である。賛同を得た後藤は水俣に赴き、患者、告発する会、市民会議に趣旨を説明。株主となってチッソの株主総会に乗り込もうというのである。後藤は次のように患者らに呼びかけた。

〈チッソ社長江頭と患者との直接の対決の場として助っ人は腕がたつほどよいのであります。株主総会を変質させます。患者は仇討に行くのであります。私達は助っ人として付き添うのであります。助っ人の数は多いほどよいのであります。（中略）一言言わねば気がすまない人は総会に出るべきであります。チッソの犯罪を許せない人はチッソの株を持つべきであります〉（『告発』第一五号）。

渡辺栄蔵原告団長や日吉フミコ市民会議会長を先頭にデモ行進
＝1970年9月28日、福岡市天神

裁判を起こすことで、〈国の人ならばわかるじゃろうもん。国ならば〉と期待していた患者らは、加害企業の幹部に直接ものを言うことが許されない法廷に失望し、苛立っていた。〈聞けばチッソは、患者たちの起した「慰藉料請求」（この法律用語とて、じつのところみんなには、「何か足らん感じ」をあたえていた）に対して、「裁判で争う」のだという〉（『神々の村』）。

「一株運動」の提案を受け、原告団長の渡辺栄蔵は「社長に直接ものが言えますか」と尋ねた。「言えます」との返事に「それはいいことだと思いますなあ」と言った。他の患者から「裁判闘争は楽しみもなからにゃいかんでな、そりゃいっちょ、やろうじゃないか」との声も出た。怨みは直接対決でしか晴らせない。〈自分たちで、自分たちの仇ば討ちにゆく〉（同）ときが来た。

互助会訴訟派、告発する会、市民会議は

七月二一日、「一株運動」実践を決めた。〈株主総会までに十万株を取得し（七月二十一日現在株価三十六円）患者・家族を先頭にチッソ追及の大集団を総会へ送りこむ。（中略）われわれは「告発」によって結ばれた全国の友に、ただちにチッソ株百株（三千六百円）を購入し、十一月末総会に出席して、チッソ追及の闘いに参加してくださるよう訴える〉（『告発』第一四号）。

一株運動は、〈水俣を遠くはなれた東京や大阪で、患者と連帯するにはうってつけの運動〉（日吉フミコ）だった。患者を支援したくてもどうすればよいのか分からなかった人々の心を動かした。チッソ株主総会（七〇年一一月二八日）の二週間前には全国で四万五〇〇〇株を取得し、五五〇〇人余りが株主になった。一方、〈不慮の混乱と刑事弾圧〉を懸念する原告弁護団は〈運動及び裁判に悪影響を及ぼすことになるであろう〉と一株運動には消極的だった（『告発』第一七号）。

道子の提案で患者らは白い巡礼姿で株主総会に乗り込むことを決めた。なぜ巡礼姿か？　厚生省占拠のあとの、東京から水俣を踏破した砂田らの巡礼姿に感銘を受けたばかりだったし、株主総会で披露するご詠歌は、巡礼姿でないとさまにならない。何より死者とともにチッソ首脳に会いにゆきたいという思いがあった。株主総会の翌日に和歌山の高野山を巡礼することも自然に決まった。

巡礼団の代表は渡辺栄蔵だが、実質的リーダーは、般若心経とご詠歌を修業している田中義光である。公式確認の姉妹の父親。義光は〈「裁判は裁判で、弁護士さんたちにゃお世話になるばってん、巡礼の方は、わが心でゆくとじゃけんなあ。仏たちを連れてゆくわけじゃからな」〉（『神々の村』）と述べ、弁護団との不協和音も意に介さぬ姿勢を示した。

稽古は一〇月に始まった。末っ子の少女和子を水俣病で亡くし、解剖を終えた遺体を背負って帰った江郷下マスや、桜の花びらを慕いつつ亡くなった坂本キヨ子の母トキノらが、鈴鉦を構えて稽古にいそしむ。はかなき夢、と歌うべきところを、はかなき恋、と歌ってしまう婦人が何人もいる。「お前どもは水俣病あたまじゃ」と師匠義光が嘆く。「わしも水俣病あたまぞ、しかしじゃな、心がけはちがうぞ」と補足する。川祭りや二十三夜さまがよみがえったような浮き立つ気分だった。

チッソ株主総会

七〇年一一月二五日午後一時の急行かいもん一号で、渡辺栄蔵・栄一、田中義光・アサヲ、浜元フミヨら水俣病患者六人とその家族一九人が水俣駅を出発した。白装束の巡礼姿である。市民会議の日吉フミコら九人も同行した。熊本駅で告発する会の会員らも乗り込んだ。二五日夜には福岡、二六日夜には広島の告発する会などの支援者と交流し、二七日午後二時に大阪到着。同日夜に決起集会を開き、二八日午前の株主総会に臨む。

田中義光がポツリ洩らした決意を石牟礼道子がノートに書き留めている。〈わしはひとりではない。お位牌を背負うてゆく。死んだひとたちを中に入れたい。入れて下さい。入れて下さったみかえりに、ここで霊を慰めるために、ご詠歌を、仏さんたちをつれてきて、仏さんの身になってゆくわけですから、入れて下さらないはありません〉。

二七日夜の大阪・扇町公園での決起集会。石牟礼道子は「患者・家族は生きながら仏になって上方へのぼってまいります。チッソの幹部とて人の親、仏の気持ちは判ってもらえましょう」と話す。道子が書いたビラを配る。〈みやこには、まことの心があるにちがいない。みやこには、まことの仏がおわすにちがいない。そのように思いさだめて、人倫の道を求め、わが身はまだ成りきれぬ仏の身でございますが、それぞれの背中に、死者の霊を相伴ない、浄衣をまとい、かなわぬ体をひきずって、のぼってまいります。胸には御位牌を抱いて参ります。口には死者たちへの鎮魂のご詠歌を、となえつづけてまいるのでございます〉（『神々の村』）。

開場時間の二八日午前一〇時、一五〇〇人が会場周辺を埋めた。一株株主の列は三〇〇メートルにも達し、黒い「怨」の吹き流しが七〇〇本もひるがえった。各地の告発する会会員ら約三〇〇人が二七日夜から徹夜で会場前の路上に座り込んだ。患者の通路を確保するためである。

巡礼姿で株主総会会場に入る水俣病患者・家族の代表
＝1970年11月28日、大阪・厚生年金会館

水俣病闘争の象徴となった「怨」の吹き流しも道子の発案である。水俣の葬列から思いついた。「お芝居に使いなはりますと？」と染織業者は尋ねた。「怨」には「被害について人に不満・不快の感情を持つ」ということ以外に、「心に憂えることがあって、祈るような心情」という意味がある（白川静『字

通』)。
黒い吹き流しが蟠踞《ばんきょ》する空の奥の「天」に道子は「詩の源流」とでも呼ぶべきものを見ていたのか。水俣病はなぜ発生したのか、発生を許したものは何なのか。患者とともに悶えよう、加害や被害の立場を超えて一緒に考えよう、と道子は言っているのだ。渡辺京二も、水俣病闘争が掲げたテーマについて〈政治的な課題では決してなかった。言うならば、人間の一番基本的な「どう生きていくか」というね、人懐かしーい、そういう気持ちの問題〉と述べている(「水俣から訴えられたこと」)。水俣病闘争は本質的には平和運動である。

「患者さんのために黙禱《もくとう》を」。総会開始前、名古屋の株主が呼びかけた。全員が立ち上がって黙禱した。「チッソに毒殺された、水俣病犠牲者の霊に奉る」。田中義光の声。ご詠歌が始まる。〈人のこの世はながくして/かはらぬ春とおもへども/はかなき夢となりにけり/あつき涙のまごころを/御霊《みたま》の前に捧げつつ/面影しのぶもかなしけれ/しかはあれどもみ仏に/救はれてゆく身にあらば/思ひわづらふこともなく/とこしへかけて安からむ/南無大師遍照尊《へんじょうそん》〉(『神々の村』)。

午前一一時、総会の幕が上がった。一四人のチッソ幹部が壇上に並ぶ。江頭豊社長の挨拶、事務局による出席株主数の報告、決算報告など。「ご異議ありませんか」。最前列の総会屋が「異議なし」を連発する。

突如、後藤孝典弁護士が壇上へ駆け上がる。修正動議の提出。告発する会の学生とチッソの社員や警備員がもみ合いになった。天井から「決算議案は可決されました。続いて説明会に移ります」という垂れ幕がおりた。若者らが即座に引き裂いた。

巡礼姿で江頭豊社長に詰め寄る患者ら＝1970年11月28日、大阪・厚生年金会館

午前一一時一五分、ふたたび社長の挨拶。

「水俣病につきましては、私ども患者の皆様方にお気の毒と思っています。責任を回避するが如き気持ちは毛頭ありません。しかし、原因がまだ当社に起因することがわからない時……」

「患者さんにしゃべらせろ」

「責任を回避するような気持ちはどこにもありません。次に二番目の水俣工場を閉鎖するかというご質問につきましては……」

「待てぇ」。壇上は再び混乱に陥った。

〈「水俣工場の閉鎖」という言葉が患者らの背中を射ぬいたのだ。患者らのおかげで水俣工場がよそにゆくと、市民から憎悪されてきたのである〉(『神々の村』)。

「行きましょう。今すぐ舞台へ」。道子は義光を促した。患者らは一斉に壇上へ。歩行が困難な患者を学生が数人がかりで支えた。江頭を患者が取り囲む。

「ああ情けなか！　なして生きとるとか！」

義光は声を絞り出した。渡辺栄蔵はふところから紙を取り出した。公害認定のあと、社長が出したわび状だ。それを栄蔵が読む。

「江頭！　お前が読め」「……厚生省は水俣病を当社に起因する公害と発表されました。皆さま方の悲しみや苦しみを思います時、誠に申し訳ない気持ちでいっぱいです」「うそばかりつきおって。ようかん三本と一緒にお前が持ってきたわび状ぞ」「どうして裁判に出てこんか。お前は、なして来んかよ。代理人ば出さんで今度からお前が出てこい」「飲め、水銀ば飲め！」。

社長は座り込む。「あぐらとは何だ。きちんと座れ」と罵声を受けて、正座する。「親さまでございますぞ！　両親でございますぞ」。浜元フミヨが位牌をかざして江頭に迫った。「わかります。ようくわかります。責任は感じています。ですから……」「どういう死に方じゃったと思うか……、弟も、弟は片輪……。親がほしいっ！　親がほしい子どもの気持ちがわかるか、わかりますか」「何とかしてわからせる方法はなかもんじゃろうか、わからんとじゃろうか」と川本輝夫が泣きじゃくっている。

道子がマイクを手にした。「会場のみなさんも、マスコミの方々も今日のことはよくよく報道くださいますように。患者さんの気持ちも、よくお聞きして、わかってくださったと思いますので、これで患者さん方は、自分の席に帰られまして、あとは天下の眼が、さばいてくれると思いますので、あの、帰りましょう」。

〈人びとが無言で、醒めぎわの夢の中を横切るように壇を下りはじめた。「私たちは水俣へ帰りましょう」水俣以外のどこへ、帰れるところがあっただろうか〉（同）。

具体的な補償の確答を得たわけではなかったが、公の席で騒乱を演じざるを得ない水俣病患者の窮状と、そこまで患者を追いつめた会社の倨傲ぶりは広く伝わった。〈チッソの顔に泥をぬる〉（渡辺京二）という当初の目的は達成したのだ。渡辺栄蔵が言うように「今回のところはこれで十分」だった。

患者巡礼団は翌二九日、高野山に登った。「昨日は、狂うたなあ、みんな」「ほんに……。思う存分、狂うた……」。患者の顔から鬼の形相は消えていた。巡礼団は大阪にバスで戻った。同日午後八時三五分の明星で帰途につき、三〇日に水俣に帰還。帰水直後、患者や家族は手応えを語った（『告発』第一九号）。

尾上時義「みんなが江頭社長の前に行って土下座させたのテレビで見た時は涙の出たなあ」（水俣で待機）

田中義光「全国の告発する会の人たちはわれわれを心から迎えるために、自分たちもご詠歌をおぼえて、われわれと一緒に唱えてくれた。われわれをそれだけ敬まうてくれたということをわしは感じました」

岩本マツエ「株主総会てどげんだろと思うたが、入って行ったら歌舞伎のごとして、幕の張ってあって壇の上に一四名ずらーっと並ろうどっとですたい。あれにゃびっくりしたですなあ」

坂本トキノ「社長はワナワナ慄えとらしたもん。薄笑いしとらしたばってん、あら泣き笑いじゃもん」

上村良子「おめくごたるしこおめいて、泣くごたるしこ泣いてきたですたい。私達の一七年間の苦労を一日でも考えたことのあるかて言うてな」

田中アサヲ「ほんによか芝居の出来た」

「よか芝居」という言葉は印象的である。非日常たるハレの場でも自分を見失わず、舞台の上の自分を客観的にみつめるもうひとりの自分がいる。両親の位牌で社長に迫った浜元フミヨも能を舞うように非日常の世界に漂ったのか。

ほんとうの課題

七〇年一一月二五日、三島由紀夫が自衛隊市ヶ谷駐屯地で憲法改正のための自衛隊決起を呼びかけ、総監室で割腹自殺する事件が起きた。巡礼団が大阪に出発した日である。渡辺京二は衝撃を日記に記している。

〈巡礼行にのぼる患者一行を一時に熊本駅に見送る。アローで三島由紀夫の死を知る。信じられぬ気持。悲哀の念、つきあげるようにわく。生きていることを信じたかったが、本田氏宅でおばあちゃんより切腹の後、首を落されたと聞き暗澹となる。(中略)

今日の事件総体について何をいうにせよ、忘れてはならぬのは、これが三島由紀夫というおそるべき明晰さと解析力をもった知性によって引起された事件だということだ。文学と政治との混同とか、個人的美学の無力さだとか、ロマン的政治主義の危険さとか、そういったお題目は三島自身の批評眼がとらえつくしていたはずだ〉(「渡辺京二日記」七〇年一一月二五日)。

石牟礼道子『神々の村』では、株主総会の際、患者と家族は七〇年一一月二四日に水俣を出発し、道子も同行したことになっている。しかし、一一月二四日出発は事実ではなく、巡礼団が出発した実際の日付けは一一月二五日である。

渡辺日記には、〈(午後) 十時十五分の明星でＩ夫人大阪へ。見送る〉(七〇年一一月二三日) と注目すべき記述がある。渡辺日記では石牟礼道子は〈Ｉ夫人〉として登場する。道子が二三日午後一〇時一五分に大阪へ向け出発したことは、渡辺自身が見送りに行っており、間違えようがない。明星とは当時の寝台特急だ。二四日には大阪に到着したはずである。

七〇年一一月二五日午後一時に巡礼団が乗った急行かいもん一号に道子も乗るためには、道子は二四日に大阪に着いてすぐに水俣にＵターンせねばならない。Ｕターンしたのなら渡辺日記などが言及しそうなものだが、その痕跡はない。そもそもＵターンせねばならない事情はない。二四日に大阪に到着し、そのまま大阪にいたと考えるのが普通である。

「巡礼着は、なして着なはらんじゃったか」「付き添いでゆかせて貰いますわけですから」など、『神々の村』には、列車内での患者と道子の会話が具体的に書かれている。〈乗客たちは、水俣から乗り込んだ巡礼姿の集団を、ほとんど凝視するようなまなざしでみつめていた〉と、車内の様子にも触れており、これを読んで道子が同行していないと考える読者はいないだろう。

Ｕターンが間に合ったのか。それとも、道子は巡礼団とは顔なじみで気心を知り尽くしているのだから、同行したことにして、想像の情景を作品化したのだろうか。

筆者は二〇二一年九月一日、その日九一歳になった渡辺京二に直接訊いた。渡辺以上に事情を知る人はいない。渡辺は困惑し、苦笑し、厳しい顔になり、遂に一言も語らなかった。

一九七〇年一一月二八日午後、渡辺は熊本市の本田代表の留守宅で、大阪の道子と本田啓吉から、「非常に劇的な盛り上がりを見せ、大成功」との電話を受け、安堵する。熊本市でも同日、早速勝利集会を開いた。〈二時に花畑公園に集り、下通、上通でビラ (三千枚) 高校生約三十名が参加してくれた〉（「渡辺京二日記」七〇年一一月二八日）。熊本に待機していた渡辺のなすべきことは、株主総会の〈大成功〉の成果を一刻も早く『告発』に反映させることであった。〈本田氏宅で松岡さんと会う。今朝飛行機で帰って来た由。久野さんと「告発」編集打ち合わせ〉（「同」七〇年一一月二九日）。「松岡さん」とはＮＨＫ職員の松岡洋之助。「久野さん」は熊本日日新聞記者の久野啓介。整理部経験があり、『告発』の編集には欠かせない人だった。〈午後アローにてＩ夫人と会う。原稿まだ出来ていず。（中略）昨夜、本田氏宅で久野さんと十九号編集のため徹夜〉（「同」七〇年一二月九日）。〈午前十時より本田氏宅で久野さんと十九号編集。Ｉ夫人も午後来る。原稿まだ出来ていず。夜十時すぎ、島田君とブリッジで会う。Ｉ夫人原稿持参。福元君も来たり。四人で島田氏宅へ。彼の部屋で新雑誌につき相談。三時すぎＩ夫人を伴い帰宅。Ｉ夫人は私の部屋でねせ、徹夜で編集〉（「同」七〇年一二月一〇日）。

〈新雑誌につき相談〉とあるのは、約三年後の七三年秋に創刊された『暗河《くらごう》』の構想を温めていることを示す。渡辺は七〇年一〇月頃から〈暗愁というべき感情〉（「同」七〇年一〇月二九日）にとらわれており、〈内面的な仕事だけが私にいくらかの平安と充実をあたえてくれる。自然、人間に対し、ゆたかな創造的な享受の関係をもたねばならぬ。内面的な仕事を深めれば、生は多少なりとよろこばしい面を向けてくれそうに思える。生活をストリクトに統制し、仕事に集中せねばならぬ〉（同）と新雑誌刊行に活路を見いだそうとしていた。

株主総会に行かなかったのも〈暗愁というべき感情〉が身心の負担になったからだ。一株運動の提唱者の後藤弁護士と渡辺が不仲だったということも一因かもしれない。〈本田氏が仕事をしやすいようにサポートして行く責任だけは残っているのだから。私にとって「告発する会」は終った。／勉強と仕事に集中したい。くもりない目で自分の生を見つめ、できるならその中に泉を見出すこと。荒廃から脱け出せるかどうかやってみること〉（「同」七〇年一一月五日）。

一株運動が効果を発揮するのは一回限りと渡辺は判断していた。今後も一株運動を継続するのであれば、緻密な〈部隊編成〉が必須である。それができなければやるべきではない。熊本・告発が手を引き、東京・告発などが作戦を立案した七一年五月の株主総会は、小児性患者田中実子や胎児性患者坂本しのぶらが出向いているのにもかかわらず、第一回の直接対話のような劇的な展開はなかった。〈戦力、戦略、責任を欠いた「運動坊ちゃん」や「運動嬢ちゃん」のおあそびではないか〉（『天の魚』）との懸念が現実のものになりそうであった。

〈私にとって「告発する会」は終った〉という渡辺の思いは、実は石牟礼道子も共有していた。〈告発の会に対しても、「運動」が質も形もととのってきたいま、私はもう要らない存在なのです。第一、能力がないのですから。私と、運動とは、次元が異ります。それはまったく、渡辺さんの次元です。こうやって、ずるずる、引っこみ時をうしなうのではないかと、しきりにおもいます。私の本の終りの方は運動にふれた部分にまったくなっていません。あそこがはずかしいばかりに、まだ死ねないのです。とらえたいのは人間なので、運動ではありません〉（「渡辺京二宛て石牟礼道子書簡」六九年九月二一日）。

道子の〈とらえたいのは人間なので、運動ではありません〉などの言葉が告発する会の仲間に知れてしまえば、運動自体が瓦解することはないが、士気の低下は免れない。運動展開の言い出しっぺは道子だったはずである。〝運動から距離を置きたい〟という本心は日記や書簡に吐露するだけで、公にはしない。表面上は運動に邁進する姿勢を示していたが、内心索莫たるものがあった。言動に矛盾が生じることもあり、若い支援者から〈批判続出〉（「渡辺京二日記」七〇年一二月一三日）ということもあったようだ。それでも道子と京二が運動の中核にあることに変わりはなく、ときには道子は可愛い柄の着物をきて、若者らに「どうしたんですか」と問われるなど、場をなごませることにもずいぶん貢献したのだった。

〈I夫人と長電話。行政側の対応の進展とともに、いよいよ〝水俣病闘争〟の使命が終り、ほんとうの課題だけ不発のまま残されてしまったことなど〉（「同」七一年九月一四日）。〈ほんとうの課題〉というのは患者とチッソの直接対決である。株主総会を凌駕するような魂の相対を実現せねばならなかった。

敵性証人

被告の過失を立証しうる証人を探していた弁護団や告発する会は「敵性証人でいこう。社長や工場長を法廷に呼び出そう」との結論に至った。過失の立証には工場の要人の証言が不可欠だ。それに、なによりも患者の最大の望みは、工場の責任者を法廷に引きずりだして積年の怨みをぶつけることではないか。

西田栄一元工場長、吉岡喜一元社長、徳江毅元技術部長を証人申請した。最初の証人は西田である。五七〜六〇年、工場長。大きな影響力から「西田天皇」と呼ばれた。西田証人に対する尋問は、七一年二月から翌年一月、二一回。毎月、一回二日間の日程で行われた。一日の尋問は五、六時間にも及んだ。

七一年二月四〜五日に西田の最初の証言が行われた。猫四〇〇号実験。〈西田　発症したと言う報告は受けていません。／原告　細川先生は話をされたと言っておられたが。／西田　細川先生と話しあった内容を覚えていない、と言うことは、話合ったことはなかったと思う〉（『告発』第二一号）。

水俣病と工場との因果関係。〈原告　現時点での水俣病の原因物は何だと考えていますか。／西田　アセトアルデヒドの製造工程中に生成する、塩化メチル水銀が原因だと考えています。／原告　どこの工場ですか。／西田　水俣工場です〉（同）。

両日とも渡辺京二は傍聴している。〈午前六時に地裁へ。まだ完全に暗く、七時にぐっと明くなる。メンバーの集まり具合良し。患者のバス事故でおくれ、十時半開廷〉（「渡辺京二日記」七一年二月四日）。〈午前七時に地裁へ。引きつづき西田の尋問。終日傍聴。（中略）夜は一株運動についての討議集会。東京、大阪、神戸らの連中のカマトトぶりに絶望す〉（「同」七一年二月五日）。

二回目の証言の七一年三月五日、原告のひとりが「今日は本当のことを言え。人殺し」と言うと、被告弁護人が西田に「帰りましょう」と促し、西田は退廷して車に乗り込んだ。告発する会の学生数人が車の前に座り込む。裁判は中止となった。

元工場長は次回以降、工場廃水による汚染被害の調査の有無、水俣工場の安全管理や廃棄物処理の実態など、詳細に証言した。その後、七一年八月三〇〜三一日に吉岡元社長の出張尋問があり、見舞金契約などについて言及。七二年一〜二月に徳江元技術部長の尋問が三回あった。徳江は猫四〇〇号実験を「知らなかった」と言い通した。

敵性証人による過失立証は奏功したのだろうか。西田らの証言から浮かび上がってきたのは、チッソは工場で使用する原料や触媒、廃ガスや廃水などの毒性について無知、無神経であり、安全対策は皆無といっていい実態である。工場の廃棄物による被害についても配慮をした形跡がない。〈過失立証の基本線を固め終った〉(『告発』第三五号所収、富樫貞夫「大詰め迎えた水俣病裁判」)と原告側は自信を深めた。

七二年三月、チッソ労働者八人がアセトアルデヒド廃水の無処理排水の実態を証言。同四月、地域住民九人が腐ったカキなど環境汚染の状況を証言。「過失」の立証を終えた。

斎藤次郎裁判長は七二年七月二四〜三〇日、原告患者家族の現地尋問を行った。異例の訴訟指揮である。「私の気持ちは、裁判長さん、あんたたちにはわかりまっせんと。私のうちのもんの苦しみは、私のうちのもんしか、わかりまっせん。こげんな子を持った人でしか、わかるもんですか」など、三〇世帯一一〇人が二〇年余りの辛苦を語った。

カリガリ

水俣病闘争のさなか、喫茶カリガリが七一年一〇月一〇日、熊本城に近い熊本市城東町に開店した。命名者は福元満治。ドイツ表現主義の無声映画『カリガリ博士』にちなんだ。

「水俣支援」が店のコンセプトである。夜には酒場になった。〈裁判闘争からチッソとの直接交渉まで、ここは作戦本部でもあり、梁山泊でもあった。水俣病研究会や機関誌編集やミーティングの場でもあった〉(福元満治「批評の場としてのカリガリ」)。

〈午後、アローで松浦氏を迎える。磯さんという女性同伴〉(「渡辺京二日記」七〇年一二月二七日)。

〈松浦氏〉は熊本・松橋出身の**松浦豊敏**[22]。旧日本軍兵士として華北からベトナムまで四〇〇〇キロの行軍経験がある。戦後は労働運動を指揮。その松浦を渡辺京二が、水俣病闘争の指南役として迎えたのだ。

〈磯さん〉は夫人の磯あけみ（一九四七年生まれ）。松浦夫妻が生計を立てる手段として開業したのがカリガリである。石牟礼道子がカレーの試作をした。食べごしらえ名人の道子の指南でカレーを店の看板メニューに、というのである。〈磯さん宅でI夫人作のカレーを試食。福元も〉（「同」七一年九月二七日）。〈I夫人を磯さん宅にとどけ帰宅〉（「同」七一年九月二八日）。〈磯さん宅〉はすでに道子の宿泊場所になっている。大きな肉入りの道子カレーは格別に美味だったと伝えられるが、採算が取れず、お蔵入りした。

〈松浦氏が来たことによって、会の各部分がピシャリとかみ合って動き出したように思われる。私のねらいは的中したといってよい。カリガリは全活動の新しい拠点として機能しはじめている。全体として層の厚みが一そうましたように思える〉（「同」七一年一〇月一四日）。

余談ながら、石牟礼道子は晩年、米満公美子（一九五六年生まれ）という介護ヘルパー兼秘書を頼りにした。道子のヘルパーになる前、米満は松浦のヘルパーをしていた。偶然である。「本棚の本がおふたり（松浦と石牟礼）ともよく似ているのです。不思議なことがあるものだと思って

22 松浦豊敏（まつうら・とよとし、一九二六〜二〇一三年）熊本県宇城市生まれ。「喫茶カリガリ」店主。水俣病を告発する会会員。労働運動をへて、渡辺京二の要請で水俣病患者の支援に参加。告発する会メンバーや学生ら〝戦闘部隊〟の指揮官を務めた。七一年に熊本市に開店したカリガリは支援運動の拠点となった。七三年、石牟礼道子、渡辺京二と季刊誌『暗河』を創刊。著書に『争議屋心得』『ロックアウト異聞』など。

いました」と米満は言ったものだ。

自主交渉

〈東京で、正月の来るとじゃなあ。いや、まさか、正月までおるちゃ、おもわんじゃったばい。こりゃあチッソ様のおかげで、えらいよか正月ぞ、一生のうちじゃ、めったになかろ〉。

石牟礼道子『天の魚』は水俣病患者の川本輝夫を主要登場人物に据えている。七二年正月のチッソ東京本社。引用した川本の言葉は、〈大道に座り、かつねむる〉「非人《かんじん》」になって年越しする状況をユーモラスに語ったものだ。

川本輝夫という名前がクローズアップされるのは七一年後半からである。水俣生まれの川本は水俣高中退後、漁業、土木、カーバイド工をへて病院勤務の準看護士になった。自身も水俣病の症状に苦しみつつ、激烈な症状で死亡した父を水俣病と認めさせるため活動を始めた。

患者が提訴した六九年六月頃から、潜在患者発掘のため水俣の各家庭を精力的に回り始めた。反応は当初芳しくなかった。〈「一軒の家庭から二人も三人も患者を出すのは見苦しい。また、そんなに一軒の家庭から何人もの患者を出してまでもお金が欲しいのかと、他人から噂されるのが辛い」「補償金欲しさの認定申請だと言われた」等々……。〉（川本輝夫『水俣病誌』）。

水俣の隣、津奈木町の諫山孝子という寝たきりの未認定の少女を訪ねた。川本はひとめ見て、「水俣病じゃ。かわいそうに」と涙を流した。「どうしてあんた言わんな」と川本は付き添いの母親に言った。すると母親は「あんまり厚かましかごたるもんですけん」と遠慮するのである。

その後、諫山孝子ら一三人は申請し、七一年四月二二日に認定された。このうち八人が補償処

行政不服審査請求を申し立て、厚生省での書類閲覧のため上京した
川本輝夫（前列右から二番目）ら＝1971年1月14日、東京駅

理委のあっせん案にしたがうことが決定。残り五人のうち、諫山ら三家族はチッソとの自主交渉を望んだ。チッソは加害者とは思えない居丈高な態度に終始し、三家族は訴訟合流を決めた。提訴となると、チッソの態度が一変、タクシー券を差し出すなど懐柔に努めた。

　チッソのやり方は不可解である。水俣民衆の普通の感覚では、非があるのなら詫びるのが当然である。加害者の側が席を立って交渉を一方的に打ち切るなどあってはならない。誠実に謝罪するなら、その後の展開は違ったはずである。自主的な交渉が成立しないのであれば、力対力の闘争態勢にシフトせざるを得ないのだった。

　七〇年八月、川本輝夫ら九人が、

熊本・鹿児島両県知事の認定申請棄却処分を不服として、厚生大臣に対し行政不服審査請求を行った。大石武一《ぶいち》環境庁長官（環境庁の設置に伴い厚生省より事務引き継ぎ）は七一年八月七日、認定申請棄却処分を取り消した。

裁決によって水俣病認定基準が改められ、「ひとつの症状でも、水俣病を否定できない場合は認定する」というのである。急性患者だけを水俣病としてきた従来の認定基準を覆し、慢性患者も水俣病であることを認めた。「その症状の軽重を考慮する必要はない」ことを明記している。

熊本県知事は七一年一〇月六日、川本輝夫ら一六人を、鹿児島県知事は二人を水俣病患者に認定した。裁決を受けた措置である。認定即補償だった裁決前の認定患者と違う点が出てきた。〈原因者の民事上の損害賠償責任を確定するものではない〉（七一年八月七日、環境庁事務次官通達）というのである。新認定患者の補償は、チッソとの交渉にゆだねられることになった。

認定と補償はつながらないという読みがチッソにはあった。チッソの久我正一取締役は告発する会代表の高校教師、本田啓吉に対し、次のように語っている。〈まあ、今度の患者さんが水俣病であることは認めますですよ。そういう基準で認定された方々、ねえ、先生、これは民事の損害賠償などとは別のことで、次官通達にも〝賠償権を確定するものではない〟と明記してあるのご存じでしょう〉（『天の魚』）。

一〇月一一日、川本輝夫ら患者家族はチッソと初回の交渉を行った。チッソは「新・旧認定患者を同一に扱うことはできない。補償問題の処理を中央公害審査委員会（一九七二年七月以降は公害等調整委員会）の調停にゆだねたい」という意向を表明した。チッソは「以前の患者と違うから補償処理委のあっせん案は適用できない」とも述べ、あっせん案の金額以下と示唆するのだった。

チッソ水俣工場の正門を乗り越えて構内に入る水俣病を告発する会の会員ら
＝1971年10月25日、水俣・チッソ工場前

重大局面と判断した告発する会は行動を起こす。七一年一〇月二五日、本田代表や渡辺京二ら七〇人が正門を乗り越えて水俣工場内に入った。幹部との面会を求め、事務所玄関前に四時間座り込んだ。本田代表は、〈長い苦しみの年月に耐えてきた患者のいいぶん以外に「補償の基準」がどこにあるというのか〉と直接交渉を求める声明文を手渡した。

〈十月二十五日　告発する会の対チッソ工場抗議行動。（中略）行動に参加す。松浦氏の指揮ぶりみごと。I夫人、スラックス姿似合う。福元と半田氏、定刻におくれ、何とか工場に入ろうとし大奮闘のさまおかし〉（「渡辺京二日記」七一年一一月五日）。

松浦の初采配は〈みごと〉だったようである。石牟礼道子も〈スラックス姿〉で参加している。渡辺は〈支社長室を占拠して支社長を捕虜にしようと思っとったんだけどね〉（「水俣から訴えられたこと」）と回想している。その日の朝、渡辺が車で水俣に向かう途中、機動隊の車も水俣に向かうのを見て、渡辺は〈バレとるばい〉（同）と思った。警察への情報提供者が仲間の中にいたのである。チッソは非常サイレンを鳴らし、約二〇〇人の第二組合員が告発する会の排除をはかった。

新認定患者は、チッソの意向に沿う調停派と、調停を拒否する自主交渉派に分裂した。川本率いる自主交渉派一八家族は七一年一一月一日、「命と健康と暮らしと生殺しの代償に一律三〇〇〇万円支払え」と要求。チッソの久我取締役は「たとえ一〇万円でも出せません」と拒否した。川本らは同日午後七時から工場正門前にテント小屋をつくり、座り込みを始めた。患者、市民会議、告発する会など約三〇人。立て看板には「我々は誠意ある回答あるまで座り込む。過去と将来にわたる患者の命と健康と暮しとなまごろしの代償を患者に三〇〇〇万円ずつ今すぐ払え！」の文字。座り込みはこの日急に決まった。テントの中で小さな石油ストーブを囲んだ。チッソは正門の上に有刺鉄線を張った。一年八カ月に及ぶ自主交渉闘争の始まりである。

七一年一一月六日、水俣市民有志による患者攻撃のビラが出始める。〈患者だけが市民とでもいうのでしょうか〉（一一月六日の新聞折り込みビラ）〈三千万円要求の根拠を市民の前に正確に示して下さい〉（一一月八日の新聞折り込みビラ）〈患者さん、会社を粉砕して水俣に何が残ると言うのですか。水俣に会社があるから人口わずか三万たらずの水俣に特急がとまり、観光客だって来るのではないのですか。（中略）もし水俣から会社が去ったら、どんな事業だって縮小せざるを得ないでしょう。そこで働いて生計を立てている我々市民はどうなると言うのですか〉（一一月九日の新聞折り込みビラ）――など（『告発』第三〇号）。

「市民有志一同」というビラの署名者は最初は六人だったのが、一一月一〇日のビラでは二〇人に増えている。チッソが利用する旅館や飲食店の関係者の実名である。〈患者救済運動なのか、革命運動なのか、市民には全くわかりません。このどちらかを明確にしないままに運動が続くから、乱闘さわぎや、市民と患者の感情的対立が起るのではないですか。……水俣を悪くするよそ者は出て行（っ）て下さい〉など支援者にホコ先を向けている（『水俣病の民衆史』第四巻）。川本ら患者の自宅にも〈水俣を去ってもらいたい〉などの脅迫状が続々と届いた。一一月九日深夜、酔って木刀を持った男が正門前の患者のテントに来た。同一〇日には酔ったふりの男三人がテント前で文句をつけた。テントの人数が増えると男らは退散した。

色川大吉[23]は水俣独特の地域差別について〈長い江戸時代を通して培われていた〉と指摘している（水俣フォーラム編『水俣から 寄り添って語る』所収、色川大吉「水俣の分断と重層する共同体」）。海に近いほど階層が下という江戸時代以来の差別構造をチッソが継承し、差別感覚がそのまま引き継がれた、というのだ。色川は七六年から約一〇年、学術調査団の一員として水俣に通い、校長経験者のような常識人が平然と漁民を蔑むのに衝撃を受けた。

〈「奇病っちゃあ漁師もんが多かったい」「だいたい漁師ちいえばなぐれ（流れ）で、よそ者じゃ

23 色川大吉（いろかわ・だいきち、一九二五〜二〇二一年）千葉県生まれ。社会学者。東京大文学部国史学科卒。東京経済大教授を務めた。石牟礼道子の要請で七六年に「不知火海総合学術調査団」を結成し、団長としては八〇年まで調査を継続。その成果は『水俣の啓示 不知火海総合調査報告』（上下巻）として結実した。患者や支援者、とりわけ石牟礼道子や渡辺京二と親交が深く、水俣病闘争の理解者の立場から積極的な言論を展開した。

ろうが」「あっだども（あいつら）は弱った魚をどしこ（たくさん）食べて奇病になりよった、これは事実じゃ」と〉。

色川によると、初期の水俣病患者は主に漁村地帯から発生。患者発生が公になると漁民は生活の道を絶たれるから、患者は隠された。やがて津奈木や芦北など周辺地域に患者が拡大。七三年の熊本地裁の判決で患者が勝訴し、チッソが発生源であることを認めた段階で初めて公然化した。〈それまでの間、患者さんは地域の差別を受けながら、行政からもチッソからの救済もなく、沈黙を強いられるという時期があったんです。歴史を調べてみますと、こういった特殊事情（注・江戸時代以来の差別構造）が根っこにありまして、これを克服することが市民運動の非常に大きな課題だった〉。

一一月一四日、「水俣を明るくする市民大会」が開かれ、一五〇〇人が参加した。チッソを擁護する市民団体の主催である。チッソの島田社長は「文化センターなど水俣市へ三億九〇〇〇万円寄付」の意向を表明した。〝チッソの総務部長〟と揶揄される浮池正基市長は「チッソを守るためには、全国の世論を敵に回してでも戦わなければならない」と挨拶した。同日、市民会議、告発する会は市民大会と同時刻に工場正門前で座り込み患者の激励集会を開いた。五〇〇人が水俣市内をデモ行進した。

一一月一五日、島田社長が座り込みの患者と会見。社長は「補償問題は中公審で扱う。内金一〇万円で座り込み解除を」と提案。患者は「納得のいく回答があったなら座り込みは自主的に解く」と拒否。同日、社長が訴訟派と渡辺栄蔵宅で初会談した。米国の写真家ユージン・スミスの水俣での本格的撮影が始まったのは二日前の一三日である。

あわただしい日々を渡辺京二は記録している。〈十一月一日、新認定患者の座りこみ始まる。十一月二日夜、半田氏の車で水俣へ。I夫人同乗。同夜、松本勉氏と方策について意見交換。翌三日、座りこみ患者に日中つきそう。夕刻、祭りとて浜元家に呼ばれ、馳走になる。夜I夫人宅にて市民会議と合同会議。方針やっと転換せしむ。三日深夜帰宅〉(「渡辺京二日記」七一年一一月五日)。

〈就寝したところに小山君来。今度のすわりこみについて号外を出すとのこと。四時までかかって原稿を仕上げ、小山君にもたす〉(「同」七一年一一月六日)。闘争は容易ならぬ新局面に入った。

チッソ東京本社

水俣漁協、親戚、各商店などを動員したチッソの切り崩し工作が始まっていた。水俣工場正門前に座り込む一八人の患者のうち二人が脱落した。リーダーの川本輝夫は「被害者と加害者の話し合いで決着をつけるのが当然ではないか。東京で社長に何もかもぶつけてみよう」との意思を固めつつあった。

支援団体の方針はどうか。市民会議は裁判での勝利を最も重視しており、上京しての直接交渉には及び腰だった。他方、告発する会は〈自分の肉体的存在というひとつの直接性〉に活動の意義を見いだしており、優先されるべきは直接交渉であり、近代法にゆだねられる裁判をさほど重視していない。

〈川本さんと行動を、もう進退を共にしたんですよ〉(渡辺京二「水俣から訴えられたこと」)という告発する会の方針に、市民会議は「ついていけない」と拒否反応を示した。方針の違いが表面化してきた。

川本輝夫、佐藤武春ら新認定患者六人は七一年一二月五日午後一〇時二八分、夜行寝台列車で熊本を発った。六日午後二時一五分、東京着。東京駅近くの東京ビルディング四階にチッソ東京本社がある。ムシロ旗を掲げて乗り込んだ。社長不在。土谷栄一総務部長から「明日午後一時半に社長が会う」との約束を取りつけた。

七日午前一一時、川本が本社前に座り込む。午後一時半、川本が土谷と面会。午後二時五分から川本ら患者と**島田賢一**[24]社長との交渉が始まる。〈一方的見解の押し付け続く……。ダンマリ戦も思うようにいかぬ〉（川本輝夫「自主交渉日記」）。午後四時五分、初回の交渉終了。

そして一二月八日が来た。「きょうはもう正念場だ。絶対帰らん」と川本は午前八時四〇分、本社前に座り込んだ。午前一〇時半、交渉が始まった。午前一〇時五〇分、本田ら告発する会のメンバー約二〇〇人が四階に突入した。「水俣死民」というゼッケンをつけている。スクラムを組んで五列に座り込む。重役室、秘書課を含む廊下をT字形に制圧した。重役室での直接交渉に邪魔が入らないようにするためである。

〈患者たちが、嶋田社長にまともにみずからの意思をもって相対〉（『天の魚』）するときが来たのである。渡辺京二は、〈あの頃は全部石牟礼さんの意思で決まった〉（「水俣から訴えられたこと」）と証言している。実力行使に出た理由は、〈患者たち自身の意志を貫徹させようとした自主交渉を、チッソが、従来の患者たちとおなじに圧殺しようとしたからである〉（『天の魚』）。

「死民」というゼッケンも道子の発案である。患者に寄り添ううち実感が「死民」という文字にあらわれた。近代を前提にする「市民」は〈わが実存の先住民たち〉をいいあらわす言葉ではないのだ。患者、支援者、道子も渡辺京二も「死民」だ。〈死民とは生きていようと死んでいようと、わが愛怨のまわりにたちあらわれる水俣病結縁のものたちである〉。

松浦豊敏が突入部隊を指揮する。別動隊が東京ビル屋上から垂れ幕を垂らした。「チッソは新認定患者の直接交渉に応ぜよ！」「チッソは全ての水俣病患者に対して責任をとれ！」。

八日午前一〇時半に始まった直接交渉は、九日午前〇時半に島田社長が担架で運び出されるまで一四時間に及んだ。患者側は、中公審への調停申請手続きを取り下げるよう要求。島田社長は「調停申請へご同調を」と繰り返した。土谷総務部長のメモに〈一四・〇〇 ㋖準備完了〉とある。機動隊が出動態勢を整えたという意味だ。実際に機動隊が支援者排除に動いたのは一〇日午後三時半。チッソは早くから警察と意を通じていたのだ。

〈川本　ああたはあの、裁判しとる人たちのところに行って、水銀飲む、ちいうたでしょ。／社長　ん、それはいいましたよ。／川本　あんた個人じゃなくて、みんなそげんしてもらいましょ。あんたひとりじゃなか、そんなふうに。／柳田（タマ子）　その中で、重症と軽症をつくってみましょうか。／佐藤（武春）　うん！　そるがいちばんよかですよもう。人間として同じ苦しみ〉（『天の魚』）。

24　島田賢一（しまだ・けんいち、一九一〇〜七八年）和歌山県生まれ。元チッソ代表取締役社長。三四年、日本窒素肥料入社。営業部長、常務取締役、副社長をへて七一年に社長就任。川本輝夫ら自主交渉派や、水俣病第一次訴訟判決後の東京交渉団との対応にあたった。長時間のやりとりは石牟礼道子『天の魚』などに詳述されている。しばしば患者に譲歩したためチッソ内では経営者としての力量に疑問を呈する人もいた。

〈堂々めぐりとは、このような交渉、話し合いの時に使用される言葉かと思われる程、長時間のやりとりが続いた。私は、何百何千の水俣病患者の苦しい思いを、社長初め、チッソ幹部連中に少しでも理解してもらえる早道として「水銀を飲め」と叫んだ。島田社長は、何を思ったか、「飲む」と言い出し、「ただ、社長一人だけにしてくれ。他の重役連中は、家族もあることだから」と言った。私は、社長がお芝居をしているとしか思えなかった〉（川本輝夫『水俣病誌』）。

〈川本　わしゃ今日は、血書書こうとおもうて、カミソリもって来た。／社長　（息をひくようなかすかな声）え？／川本　血書を書く、血書を。要求書の血書を。／社長　！　……／川本　あんたはそして、わしの小指を切んなっせ、ほら。／社長　……／川本　その返答はわしが……あんた、社長の指もわしが切る、いっしょに。／社長　いや、それはごかんべんを／（中略）川本　おなじ苦しみならよかたい、人間としていっしょに。いっしょに苦しもうじゃなかかな。はい、はい、切って、指切って痛もうじゃなかですか〉（『天の魚』）。

〈私はたまりかねて持参したカミソリを突き出し、「社長が私の指を切れ、私も社長の指を切る。同じ痛みを感じるなら、水俣病患者の痛みも苦しみもわかるはずだ」と訴えたが、島田社長は手を引いて、「それだけは御勘弁を」と繰り返し、私の訴えも哀願も無駄だった〉（『水俣病誌』）。

午後四時二〇分、私服の刑事が来た。「社長が監禁されているという通報があった」と言う。患者側が「加害者と被害者とで話し合っているのです」と応じ、刑事は去る。土谷総務部長が午後八時半、「。答え方　円満に解決するため、先ず水俣に来いというから行くことにする。但し具体的な内容については中公審という考え方にはかわりはない」とメモした。患者に聞かれたらこう答えるという〝模範回答〟の準備である。

九日午前〇時頃、会社側の医師が来た。〈交渉場の雰囲気、このときより崩れはじめる〉（『天の魚』）。双方とも体力、気力の限界だった。医師は社長の脈をはかり、「二〇〇ですよ！　ひどいですよあんた方！　救急車だ救急車」と声を上げる。

「……俺が、鬼か……」。川本はそう呟くと泣き始めた。「社長……オレが鬼か、鬼か、社長……」。川本の目から涙が滂沱と島田社長の顔にふりかかる。同室の人々が息をのんで見つめる。〈帰れ帰れ……よかもう、帰れ帰れ、あとはもう、どげんなっても知らんぞもう……〉（同）。〈どげんなっても知らんぞ〉との言葉の重みをチッソは今後一年余りかけて実感することになる。長い夜をしめくくるのは川本の長い語りである。精神科病院で狂死した父のことを人前で初めて話す。

〈（担架動き出す、川本、それにむかっていざり寄る。死んだ父親にでもとりすがるような口説《くぜつ》めく声）／川本　社長……わからんじゃろう、……俺が鬼か……なんいいよるかわかるか、……親父は母屋にひとり寝えとった……おら、小屋から行って、朝昼晩、めしゃぁ食《か》せた。買うて食う米もなかった。なんもかんも持っとるもんな、背広でもなんでも、ぜんぶ、質に入れた。そげな暮しが、わかるか、明日食う米もなかこつも、何べんもあった。着て寝る蒲団もなかったよ。敷蒲団もなく寒さに凍えて泣いとったぞ、そんな暮しがわかるか。親父の舟も売ってしもうたぞ、そげんした苦しみがわかるか、三千万が高すぎるか……。うちん親父は、六十九で死んだ。六十九で……。精神病院の保護室で死んだぞ保護室で。水俣病で……。格子戸の、牢屋んごたる部屋で、死んだぞ。精神病院ば……見たこつがあるか、行ったことがあるかおまや。保護室の格子戸のごたるところで、……おまやしあわせぞ……誰もみとらんところで、ひとりで死んだぞ、おやじは。こげんこたぁおら、今まで、誰にもいわんじゃったぞ。そげんした苦しみがわかるか……〉（『天の魚』)。
〈社長の寝顔から、親の死に顔を連想したにちがいなかった〉と道子はのちに川本の追悼文に書いている。水俣病訴訟の判決後、川本が島田社長に迫るシーンを島田社長の息子がテレビで見た。疲労困憊で帰宅した島田社長に息子が「水俣病患者の川本は……」と言いかけると、島田社長はそれを制して、「川本さんという人は立派な人だ。決して呼び捨てにしてはならない」と戒めた。水俣フォーラムの実川悠太理事長が島田没後に夫人から聞いた話だ。社長の胸中に去来した想念は複雑だったろう。

熊本でも一二月八日に動きがあった。熊大医学部の学生約二〇人が徳臣晴比古教授の責任を追及して二四時間の徳臣研究室占拠に入ったのだ。徳臣教授は水俣病の熊本県認定審査会の会長である。患者に門戸を広げる新しい認定基準を公然と批判していた。占拠を知らせる熊本からの電報が東京の座り込み部隊に届くと、歓声があがった。

一二月九日になった。占拠態勢を継続するのか。川本は「(会社にこのまま)おる」と言う。本田や渡辺ら告発する会幹部は「おるって言うからそのまま籠城だ」と決めた。午前八時、座り込み部隊が廊下でデモを展開。午後、チッソ側は五井工場の労働者一八〇人を動員。にらみ合いが続く。その間、川本に丸の内署から再三説得があった。座り込みは長期化の様相が濃くなってきた。〈東京ビル四階に解放区的気分たかまる。印刷機を持ちこみビラ印刷。深夜応援部隊続々到着〉(『告発』第三一号)。

事態が動いたのは一二月一〇日である。川本は会社に社長の診断書を要求。「加療三週間」との診断書が届く。患者らは事前通告して秘書課のドアガラスを破る。午後三時、警察から退去命令が出た。三時半から機動隊員によって座り込み部隊の排除が始まる。座り込む学生の頭上で、「仕事をさせて下さい」と社員が連呼する。

座り込む者たちは排除されてもエレベーター前など要所に座り込む。困った警察は社長室前に座り込んだ川本に「あなたから説得して下さい。あなたの言うことなら聞くと言っています」と協力を求めた。川本は「私にそんなことが出来ますか、警察までがチッソの味方をずっとですか。私はあの人達（告発する会）のおかげで東京に来られたのです。あの人達がカンパをしてくれたから東京に来て社長と会うことが出来たのです。あの人達がいなければ私達（患者）は何も出来ないんです。あの人達と私達をきり離すようなことはやめて下さい。そんなことをされたら私達には味方がいなくなってしまう」と言って泣き崩れた（『告発』第三一号）。

最後まで抵抗した渡辺と松浦ら三人も外に出された。威力業務妨害で学生ら三人が逮捕された。警察は患者には手を出さな

窓から秘書課への侵入をはかる川本輝夫（右）、佐藤武春ら＝1971年12月10日、東京・チッソ本社

社長室前でハンストを続ける患者ら。
手前は石牟礼道子＝1971年12月10日、東京・チッソ本社

かった。社長室前に残った川本輝夫、佐藤武春、金子直義、石田勝の四人の患者と付き添いの石牟礼道子は午後四時半からハンストに入った。

　告発する会は一二月一一日午前一一時、日比谷公園に集結後、チッソ本社前で抗議集会を開いた。解散後、都内で街頭カンパ。一二月一二日、医師の勧告で川本らのハンスト中止。夜、久我取締役が、社長訪水の替わりに座り込みを解くよう要請。患者は拒否。一二月一四日午後二時、木下順二ら八人の作家らが患者を見舞う。木下らは会社に抗議。六日以来の街頭カンパは四七万円を超えた。

　一二月一六日、川本と佐藤が、中央公害審査委員会を訪問。「補償交渉は当事者同士が話し合うのが筋なのでその旨表明してほしい」と要請。中公審事務局長は「公正な機関であることをわかってほしい」と回答した。一二月二四日午後二時、久我取締役らが患者に即時退去を要請。二〇〇人近い支援者が五〇〜六〇人の従業員の手で社長室前から排除された。久我と川本、佐藤、道子の話し合いは平行線をたどり、会社側は同日夜、患者の川本らをビルの外へ出した。一二月二五日午前一一時、昨夜の暴挙への抗議集会。夜、座り込み現場にテント設営。このテントが患者・支援者の拠点となる。

一二月二九日午後一時、告発する会の一五〇人が集結。患者と久我が廊下で交渉。告発する会がエレベーターホールを再度占拠。交渉再開。支援に駆けつけた日高六郎、谷川健一、上野英信、見田宗介ら一三人の文化人を代表して吉野源三郎が抗議文を読んだ。午後五時頃、久我が交渉を打ち切ろうとした。告発する会の学生ら支援者と五井工場の労働者約二〇〇人がもみ合いになった。日高が「従業員を引かせなさい」と河島庸也人事部長に言う。「絶対に引かせない」と河島。渡辺京二が河島に声をかけた。

「河島さん、もうお互い引こうじゃないか。こうなったら危ないから。あんたも部隊下げなさい。こっちも下げるから」「どうして下がるか！　ここはオレの会社だ！」「あんたも分別ないねえ」。混乱は収拾し、告発する会は「チッソ粉砕」と連呼しながら退場した。

一二月三〇日、チッソは東京ビルのエレベーターが四階に止まらないようにした。川本の音頭で正月用のもちをつく。怨旗とともに干し柿も揺れる。

一二月三一日夕方、『追われゆく坑夫たち』などで知られる福岡・筑豊の記録作家上野英信、編集者の原田奈翁雄が〈名を失い、路上に投げすてられた民の一人として〉（声明文）座り込みに加わった。ハンスト開始。丸の内署がテントを撤去せよと警告してきた。

大晦日である。川本、本田ら八人がテントに泊まった。午前〇時、晴海ふ頭からサイレンが鳴る。川本の音頭で日本酒を開け、雑煮で正月を祝った。

年越し交渉

川本輝夫自身、長丁場になるとは予想していなかった。方針すらも立っていない。どこに立っているか分からぬ暗黒の中、カンテラ提げて一歩踏み出した、それが実感である。準看護士としての病院勤務が安定してきた矢先だった。

〈私たちが行動すれば、どうにかなるのではないかという気持ちもあった。しかし、実のところ、そうでもして自分自身を慰め、励ます以外になかった。まさに無方針の闘いのはじまりであった〉(川本輝夫『水俣病誌』)。

方針は何かと問われれば、「無方針」と答えるしかない。チッソの出方次第であり、患者側から闘いの展望を示すことはできない。一見行き当たりばったりとも言える大胆さと孤立を恐れぬ勇気が人々を奮い立たせた。告発する会の本田啓吉代表は川本の闘争の必然性を理解していた。〈座り込んでいる患者家族には、ほかに自分の気のすむ道はない。誰もわかってくれなくても、この道を徹底的に追求することの中にしか、水俣病と認定されたほんとうの意味はないのである。この人たちには、自分たちの行動がどんな成果を生むかという思考の入りこむすきはない〉(本田啓吉「〝直接交渉〟の意味」)。

渡辺京二は川本の〝根源的な情念〟というべきものに注目していた。〈左翼的な組織論もなければ、戦略戦術もない。そんなものは何もない。なくてもちゃんとできるんだっていうことを示してくれてる〉と思っていた。告発する会のやり方は、「一切、患者の言うとおり」である。決して患者の前に出ない。〈大衆自体が担う闘争〉が実現しかかった気がした。のちに渡辺は次のように総括している。

〈東京本社に乗り込むことによって表現できたかもしれないが、それでもまだ表現できない、まだその先にある。まだその先にある。つまり患者が求めているのは、それは何かっていうことを表現するためには、もう繰り返し繰り返し、試行錯誤していって、ある仮装形態、その時その時の衣装をまとってみたが、「ああ、この衣装、これかなあ」と思ったけど「これじゃない。やっぱりこれじゃない」。また他のを「これかもしれん。これの方がさっきのよりずっとぴたっとしてる。でもこれでもない」っていうふうに、一つ一つ乗り越えていって、自分自身を未知の領域に誘い込んでいくような闘争じゃないか〉(渡辺京二「水俣から訴えられたこと」)。

石牟礼道子は〝理解不能〟の人を好む。二〇代の歌人仲間の志賀狂太にしても、チッソ付属病院の院長だった細川一にしても、果てのない深さを感じさせる魂を宿していた。分からないがゆえに惹きつけられた。闇を切り裂いて光を拾っていく川本の行動力。破滅につながりかねぬ危うさを宿していたが、それゆえ魅力的だった。

〈悲惨とか、苛烈とか、崩壊とか、差別とか文字で書いても、彼の実感にはほど遠かろう。彼をつきうごかしている衝動の実質はおそらく誰にもわからない。たやすくわかってもらおうとも思わない〉(『天の魚』)。

七二年が明けた。チッソ前のテントは東京名物になった。告発する会は茗荷谷に家を借りて、そこを患者らの宿舎とした。患者も支援者もそれぞれ都合をつけながらの闘争である。渡辺京二は熊本市で待つ妻敦子に次のような手紙を送っている。塾経営がこれからというときの長期東京滞在だったのだ。三人の幼い子がいる。

二度目の越年。チッソ本社前に座り込んだ患者らはモチを飾った＝1972年12月31日、東京・チッソ本社前

〈お正月に帰れなくて大変すまなく思っています。（中略）新聞で知っているとおり、とうとう越年してしまい、八日、十日に大事な行動が予定されているので、帰れなくなってしまいました。今度の自主交渉は水俣病の運動の中でも、二度とこういうことがあるかどうかわからぬ重大事件です。どうか勝手を許してほしいと思います。（中略）八日には再結集して、ふたたび四十人ほどの熊本メンバーがそろうはずです。八日に市民集会、十日に本社再々突入という予定。こちらでも市民の反応もだんだんもり上り、患者さんたちも元気です。チッソ前テントには解放区的気分がたかまり、患者さんの表情も日ましに透明なかんじになって来ています。子どもたちはどうでしょうか。杉生が熱を出したそうで気がかりです。もうよいでしょうか。こんどの正月は彼ら彼女らに対してもほんとに申訳ないことでした。十二日ごろ、おみやげをもって帰るといって下さい。（中略）私は主として患者さんたちのそばについていますが、彼らと生活を共にして実に豊かな経験をしました。

庶民が自らの道を手さぐりしつつ進む姿は感動的です。新聞には伝えられない、また伝えられても真実はわからないような、さまざまな出来ごとが次々に起っています〉(「渡辺敦子宛て渡辺京二書簡」七二年一月四日)。

〈十日に本社再々突入〉という予定は、変更せざるを得なかった。突発事件が次々に起き、状況がめまぐるしく変わるからである。一月三日、島田社長が水俣市を訪れ、工場前に座り込む患者に交渉を申し入れた。患者は拒否。チッソは正門前テントの立ち退きを要求した。

一月五日、島田社長が記者会見。「自主交渉派とは一切会わぬ」と言明。一月七日、チッソ石油化学五井工場労働者二〇〇人が、労組の姿勢を質《ただ》すため訪問中の川本輝夫、取材中のユージン・スミスらに暴行。「五井事件」と呼ばれた。一月一一日、チッソが座り込み患者らの連日の抗議に対抗し、東京ビル四階の本社入口に鉄格子を設ける。〝チッソみずから檻の中の存在になった〟と患者は嘲笑した。

五井事件

五井工場の労働者は業務命令で動員されていた。川本輝夫は、第二組合系の全チッソ労働組合連絡協議会の夏目英夫・五井工場労組委員長に抗議するため面会を申し入れた。一月六日夜、夏目から「七日午前中なら会ってもよい」と電話があり、午前一一時面会と決まった。

川本は七日午前一一時、五井工場正門に行った。告発する会の半田隆ら支援者一一人が付き添う。ユージン・スミスとその妻アイリーン・美緒子・スミス、各紙記者、放送記者ら一〇人余りが同行している。

川本が夏目議長に面会の旨を伝えると、五井労組書記長が「昨日の電話の話は、五、六人来て話をしたいと。全然違う」と対応。書記長の後ろ姿に川本が「電話あったんですよ、一一時に会うという約束で。むちゃくちゃやなあ」と言う。守衛に向かって「夏目さんに来てくれるよう伝えてくれませんか。ちゃんと電話で約束しました」と言う。

公開質問状は、座り込み患者家族一同（川本代表）から連絡協の夏目議長に宛てたもの。「チッソ本社への労働者の動員は組合の指令なのか／合化労連新日本窒素労組（第一組合）からの抗議電報をにぎりつぶしたのは事実か／未曾有の公害を出した会社の労働者の組合として社会的責任をいかに果たそうとするのか」を問うている。

門の外で待つうち、新聞記者のひとりが鉄格子扉を乗り越えて工場敷地内に入った。事態の説明を要求。川本らも中に入った。夏目議長は午後三時からのチッソ本社での組合会議に出るため東京へ向かった、という。守衛室長を通じ、議長が本社に着き次第、五井工場に連絡するように伝え、その連絡を待つことになった。

川本は休憩室で横になった。その他の人は出るよう工場側から要請があった。守衛室内で押問答していると、午後二時四〇分過ぎ、作業服の従業員約二〇人が守衛室に入って、「即刻退去」を求めた。「出ないなら自力で出すぞ、よし、出せ！」と突然の実力行使が始まった。

従業員約二〇〇人が川本、スミス夫妻、支援者、報道関係者に襲いかかる。暴行を加えてきた。川本は「私は患者だ」と言ったが、「患者もくそもあるもんか」と床に引き倒され、踏みつけられ、顔に傷を受けた。ユージンはカメラを奪われ、全身を殴られ蹴られ口内に裂傷を負った。アイリーンは髪の毛を引っ張られひきずり出された。川本とユージンは病院で治療を受けた。記者の目前での蛮行である。「水俣病患者ら襲われる／千葉のチッソ石油化学五井工場、川本さんら大けが、従業員二〇〇人でなぐる、ける」（『朝日新聞』七二年一月八日）など各紙は事件を大きく伝えた。

ユージン・スミスは写真集『スペインの村』『楽園への歩み』などで世界的に知られる写真家である。第二次大戦末期の硫黄島や沖縄へも従軍して撮影している。水俣に滞在したのは七一年一一月〜七四年一一月の三年間。七一年一二月に「入浴する智子と母」を撮影するなど胎児性患者らのカットを多数撮った。米国俳優ジョニー・デップがユージンに扮して主演した映画『MINAMATA』が示すように、その写真は世界に水俣病の悲惨さを知らしめることになる。

チッソの見解では、ユージンは従業員による排除の際、踏み台を踏み外し仰向けに転倒してみずから負傷した。川本の負傷もユージンのカメラが当たったものだ。〈工場従業員が積極的に手を出して負傷させたような事実はありません〉が結論である。事件は一方的な報道による〈誤解〉だとチッソは言明した。

ユージンは一三日午後、米国大使館で意識を失い、聖路加国際病院で精密検査を受けた。診断書によると、病名は「頸椎症及頸腕症候群（右側）」。その後も右頸部痛、後頭部痛、右視力障碍及右側疼痛、右上肢尺骨神経領域の知覚障碍等があった、という。

五井事件をめぐって千葉県警市原署は工場次長ら従業員六人を傷害及び器物損壊容疑で千葉地検に書類送検した。暴行の事実関係ははっきりしているのに、不起訴処分となった。ユージンの後遺症は深刻なものとなり、頭痛や右目の視力低下に苦しんだ。原告になると報道の公正を保つことができないという理由で、チッソを告訴しなかった。

ユージンの水俣滞在は当初三カ月の予定だったが三年にまで延びた。〈口もきけず、手が曲がり、歩くこともできない人たち」に代わって「写真という小さな声」を発し続けた〉とアシスタントの石川武志が書いている（石川武志『MINAMATA NOTE』）。

石川は、水俣に向かうユージン・スミス夫妻の見送りに東京駅に行き、発車寸前、ユージンに列車に連れ込まれ、夫妻と一緒に水俣に行ったのだった。それまでもアシスタントとして協力してきた石川の能力や労を惜しまぬ仕事ぶりをユージンは高く評価し、自分の仕事に石川は絶対必要だと判断したのであろう。渡辺京二を闘争に誘い入れた石牟礼道子を彷彿とさせる。自らの能力を最大限発揮できるやり方を、いや、能力以上のものを引き出すやり方を、優れた表現者は本能的に選び取るらしい。

「渡辺京二日記」によると、道子とユージンの最初の対話は七二年一二月二七日。〈昼すぎ、ユージン・スミス氏訪問。アイリン通訳。話うまくまとまる〉とある。二回目は七三年三月。アイリーンを交えた鼎談は石牟礼道子（代表著者）『不知火海―水俣・終りなきたたかい―』で読むことができる。〈石牟礼　水俣病のことを書いて、わたくしの名前だけが患者さんの日常とは別なところに、卑俗な虚名が出来てとても生きづらくなっていて……／スミス　Very famous〉。「能力」や「恥じらい」が話題になると、〈ユージンは何のことかわからない〉とアイリーンが発言するなど、終始嚙み合わない印象。言葉の壁もあって道子がユージンと心をかよわせるのはなかなか難しかったようである。

告発する会は、五井事件の翌日の一月八日、東京・三宅坂の社会文化会館で一〇〇〇人の抗議集会を開いた。壇上に「チッソの暴力行為徹底糾弾」の幕。川本が「彼らは命令一下、獲物にとびかかるようにして患者を引き倒し、踏んづけた」と報告。石牟礼道子は「座り込みテントの前には、差し入れに来てくださる焼き芋屋のおじさん、新年宴会の席上、カンパを集めて届けて下さるお方など、温かい支援の流れは絶えることはございません」と挨拶した。

告発する会は一月一〇〜一二日の連続闘争を宣言した。チッソは既に本社のエレベーターが四階に停まらないように処置している。四カ所の通用階段のうち三カ所は閉鎖し、残り一カ所の階段も半開きにして五井工場労働者と第二組合員が張り番をして患者らの立ち入りを拒否した。土谷総務部長は「話し合いはできない。五井事件についても陳謝の意志はない」と述べた。

一一日午前一〇時半、申し入れのためチッソ本社四階に行くと、〝異変〟が起きていた。階段からの四階の入口はものものしい鉄パイプの格子で閉鎖されているのだ。右脇に中から開けられる鉄製のくぐり戸がある。「こりゃ、動物園じゃがな」と川本が大声で笑った。支援者も爆笑した。〈檻は、たしかに患者たちを阻む役割を持ってしつらえられたにちがいなかったが、製作者自身を、より深く閉じこめる役割を果すしろものであろうことが、誰の目にも見てとれた〉(『天の魚』)。

一二日午前一〇時半、丸の内署の私服警官七人が階段を占拠。川本が「チッソの暴力を取り締まるべきだ」と抗議。警官は退去した。午後二時頃、弁当の差し入れのために鉄格子が開いた。川本と佐藤が鉄格子の中へ飛び込んだ。廊下に座り込む。三時間後に退去した。〈新名所チッソ動物園を見学に訪れる市民多し〉と『告発』第三二号は伝えている。自主交渉闘争に寄せられた

鉄格子の前で会社側に抗議する患者や支援者ら＝1972年1月12日、東京・チッソ本社

カンパは、一月二二日までに、五一七万八〇七八円に達した。

一方で、自主交渉派内部に不協和音が広がりつつあった。疑心暗鬼のひとつはカンパである。二月二四日、自主交渉派一四人の話し合いが水俣であった。川本は〈人間の不信と猜疑の目が集中し、長期にわたる闘いの疲れと自暴自棄が充満していた。（中略）私と佐藤さん二人が、思うままに貴重なカンパを使いこなしていると受けとられていた〉（『水俣病誌』）と苦衷を吐露している。チッソの切り崩し工作も功を奏しつつあった。家族の就職や金銭援助をちらつかせて経済的に困窮する患者を揺さぶった。

二四日、川本は「もうやめた」と「自主交渉の中止」を決断し、水俣の自宅で残念会を開いた。佐藤武春と深夜三時まで愚痴を言い合った末、佐藤が「もう一度、ひとりひとりの真意を確かめよう。ふたりになっても自主交渉は続けよう」と言いだし、即座に川本は同意した。結局、四人が自主交渉闘争から脱落した。

世論の高まりに押される形で行政が動き出した。大石武一環境庁長官と沢田一精《いっせい》熊本県知事の両者立ち会いの自主交渉が七二年一月二二日〜八月二四日に行われた。チッソは「補償処理委のあっせん案が基準」と主張し、患者が拒否。チッソはランク付けのため患者家族実態調査を主張。患者が拒否。患者はチッソに補償金の内金払いを要求するも、チッソ拒否。生活資金融資なら出すと答える。七月に長官が小山長規《おさのり》に交代。小山長官は「チッソに誠意がない場合は手を引く」と語り、行政立ち合いの自主交渉が終了した。

七二年六月五〜一六日、胎児性水俣病患者の坂本しのぶ、水俣病患者の浜元二徳、しのぶの母フジエがストックホルムで開かれた国連人間環境会議に参加。浜元は「世界の人々にこの不自由な体をみてもらうためにやってきました」と訴えた。

水俣病裁判は七二年一〇月一一〜一四日、原告本人陳述、原告と被告の最終弁論があり、一〇月一四日、結審した。提訴から三年四カ月。翌年一月、判決は三月二〇日と決まった。結審を機に訴訟派は攻勢に出た。渡辺栄蔵ら患者一六人と自主交渉派は七二年一〇月二五日、チッソ本社に行き、判決を待たずに直ちに訴訟請求額を支払うよう求めた。メーンバンクの日本興行銀行には共同責任を負うこと、公害等調整委員会には判決まで調停案を提示しないことを要求した。

それに先立ち告発する会は八月二〇日、公調委に公開質問状を出している。「環境庁裁決以後の患者をそれ以前の患者と差別するのかしないのか。調停案提示は水俣病訴訟の判決まで待つのが常識ではないのか」など。公調委の前身の中央公害審査委員会は公害紛争処理法に基づき七〇年一一月一日に発足。七二年七月一日に公害等調査委員会に改組された。〈公害裁判所といわれ

上―最終弁論の日、デモ行進先頭に押し立てられた「怨」の吹き流し＝1972年10月11日、熊本

下―最終弁論の日、「怨」の吹き流しが立ち並んだ＝1972年10月13日、熊本地裁前

るほどの権限が付与されて、補償問題を現行の裁判制度から切り離して処理しようという機関〉（『天の魚』）であった。

公調委の五十嵐義明委員長は九月二七日に記者会見して「年内提示」を示唆した。判決前に調停案が出ればチッソはこれを新たな補償基準とすることが確実である。チッソに控訴の口実を与えかねない。

患者らは一〇月二六日に興銀に行った。一階の応接室から二階に上がると、行員に取り囲まれた。患者らは二七日に公調委に行った。調停委員は面会を拒否した。患者らは座り込んで夜を明かした。二八日の正午前、五十嵐委員長に申し入れ書を手渡し、「判決前に調停案を出すのをやめろ」と要求した。五十嵐委員長は明言を避けた。

川本輝夫への警察の強制捜査が始まったのは一〇月二五日である。警視庁丸の内署は同日、川本に「傷害容疑がある」と二九日に任意出頭を求めた。三一日早朝、出頭しようとした川本を私服刑事数人が車で連行。警視庁の極左暴力取締本部で取り調べを受けた。同日、告発する会の東京・荻窪の宿舎と、水俣の川本の自宅が家宅捜索を受けた。

宿舎の石牟礼道子は捜索の一部始終を目撃した。〈ここに至ってなおただの一度たりとも、公権力の手によっては、犯人チッソの取り調べはおろか、被害民の実態調査はいうにおよばず、救済策などなにひとつ自ら立てたことのない国家が、川本輝夫の水俣の自宅まで！〉（『天の魚』）。

川本は七二年一二月に傷害の罪で起訴され、東京地裁は七五年一月、罰金五万円、執行猶予一年の有罪判決を出した。東京高裁は七七年六月、地裁判決を破棄し、「水俣病の被害という比較を絶する背景事実があり、自主交渉という長い時間と空間のさなかに発生した片々たる一こまの傷害行為を被告人らが自主交渉に至らざるを得なかった経緯と切り離して取り出し、それに法的評価を加えるのは、事の本質を見誤るおそれがある」と起訴したこと自体検察官の公訴権濫用だと断じた。最高裁は八〇年一二月、検察の上告を棄却し、高裁判決が確定した。

一審判決に憤激した訴訟派患者らはチッソ吉岡喜一元社長と西田栄一元工場長を殺人・傷害の罪で告訴。ふたりは七六年五月に業務上過失致死傷の罪で起訴され、熊本地裁は両被告に禁固二年、執行猶予三年の有罪判決を下した。八八年二月、最高裁で一審判決が確定した。

第五章　大詰めの攻防

公調委

水俣病闘争の歴史は患者の離合集散の歴史である。一枚岩に越したことはないが、病歴や経済状態など事情はそれぞれ異なる。暗躍する加害企業や行政。患者を圧殺せんとする状況は時々刻々と変化し、その渦に翻弄され、極限状態での選択を迫られた結果、気がつけば別の道、ということが珍しくない。

六八年九月の政府の公害認定で、水俣病患者の補償問題が再燃。患者家庭互助会は一任派と訴訟派に分裂する。一任派は、厚生大臣が委嘱した水俣病補償処理委員会のあっせんに応じることとし、すべてを委任する「確約書」を提出。その他の自主交渉派患者は「確約書」を拒否し、損害賠償請求の訴訟を起こすことで訴訟派となった。

七一年八月の環境庁裁決に基づいて従来の認定基準は大幅に緩和され、同年一〇月以降、新認定患者と呼ばれる新しい患者グループ・自主交渉派が誕生した。川本輝夫をリーダーとする自主交渉派は訴訟派には合流せず、チッソとの直接交渉を要求し、東京本社前にテントを張って座り込みに入る。

五九年の見舞金契約以来、直接交渉を忌避するチッソは、中央公害審査委員会（七二年七月に公害等調整委員会と名称変更）の補償処理に頼り、加害者であるチッソ側からまず調停申請をした。新認定患者の中からも調停申請する人が出始め、補償金の内金二〇万円の支払いと引き換えに調停申請する患者も加わり、調停派ができた。自主交渉派から離脱した一部の患者は中間派を結成した。

以上の「一任派」「訴訟派」「自主交渉派」「調停派」「中間派」に加え、弁護団主導の「第二次訴訟派」が七三年一月に誕生。「一任派」や「調停派」は様子見の性格が強く、状況を切り開くべく積極的行動を展開したのは「訴訟派」「自主交渉派」である。

七二年一二月一一日、訴訟派、自主交渉派ら患者家族約三〇人が、来水中の公害等調整委員会の五十嵐義明委員長ら三人に面会を求めて市役所を訪問した。五十嵐は「すべては調停案の中身でお答えします」というのみ。折衝の合間、川本は調停申請書の束を見て愕然とした。名前の筆跡がみな同じである。申請者に聞いて回ったら、「そんな書類は見たこともない」と言う。

偽造ではないか？　川本は、自らの刑事事件の弁護団長である後藤孝典弁護士に「公調委に行って書類を確認してきてほしい」と依頼した。後藤は「申請書を見たことがないと言っている本人が上京するなら」と答えた。弁護士の返事が少し消極的なのは、行政が関与する公調委の書類が偽造とはにわかに信じられなかったからである。

川本は七三年一月八日夜、ユージン・スミスを訪ね、「とつけんにゃあこつば見つけたごたるばい。そるば見ろうごたるなら一〇日は東京におらんな。公調委さん行くけん。よういけば、ものすごかこつになる」と言った（ユージン・スミス、アイリーン・美緒子・スミス『ＭＩＮＡＭＡＴＡ』）。

七三年一月一〇日、川本はふたりの調停申請者を連れて上京した。後藤弁護士が同行して総理府内の公調委を訪ねた。ユージン・スミスも来た。事務局員は理由をつけて書類を見せない。午後五時頃になってやっと書類が来た。見せたがらない理由が分かった。

〈まず、調停申請書も代理人選任届（委任状のこと、七二年一二月九日付のもの）も、調停申請者の氏名がすべて同一筆跡である。だいたい申請者自身の氏名が間違っているものがいくつかある。山下伊之助が山下伊之太、川上タマノが川上マタノという具合いだ。住所も違う。津奈木町とするところを芦北町としている。氏名が黒く塗りつぶされているのがなん件もある。氏名の下に印が押されていないものもある〉（後藤孝典『沈黙と爆発』）。

公調委によると、代理人選任届は調停申請者一四七人が一二人を代理人に選任するもので、代理人のうち一人でも受諾すれば調停が成立する。公調委と地元の有力者が結託すれば本人も知らないうちに調停が成立する。川本と同行したふたりの患者のうち女性患者はその場で調停申請を取り下げた。男性患者は「ハンコを押した覚えはない。無効だ」と言った。

この話を聞いた告発する会に緊張が走った。〈その調停とは、過失責任を必ずしも問わず、「双方が納得すれば足りる」と公言しており、偽造文書までつくりあげて被害民らをあざむき、調停作業なるものを強行しようとしていたのである〉（『天の魚』）。早期調停を目指す公調委の悪辣さは補償処理委の「確約書」を凌駕していると感じられた。調停案は、補償処理委の額を参考にした低額のものが予想されており、判決前に低額調停案が示されると、チッソはそれを新たな補償基準と強弁し始めるのではないかという懸念があった。七〇年五月の補償処理委と同じことが繰り返されようとしている。ふたたび実力行使もやむを得ないのではないか。直接的存在を横たえるときではないか。渡辺京二は七三年一月一二日の日記に次のようにつづっている。

〈公害等調整委の調停案発表に対するとりくみの討議。松浦氏より調停申請の文書偽造の件を告訴し、それをテーマに総理府に座りこみ行動を行うよう提案あり。調停案発表より前の時点でさわぎにし、それを水俣の情勢にはねかえすとの趣旨。この提案にそって行動を起すことになる。例によって上京資金なし〉。

調停阻止行動の準備と並行して『告発』で偽装の実態を広く知らしめねばならない。全国注視の水俣病問題に関し、行政が加担した悪事である。これほど〝書きがい〟があるテーマも珍しい。

〈本田氏宅で告発の手直しについて相談。公調委の回答にまにあわすため、四ページで緊急に発行することになる〉(「渡辺京二日記」七三年一月一三日)。

〈授業のあとカリガリへ。水俣帰りの本田さん一行と打ち合わせ。調停申請書、委任状の不備、ますますはっきりし、調停派は大動揺という〉(「同」七三年一月一四日)。

〈夜、本田氏宅で編集会議。今度の号は調停阻止緊急アピールの特別号で四頁立て。あけがた五時すぎまでかかり編集終える。宮沢氏と歩いて帰宅〉(「同」七三年一月一五日)。

〈半田氏から東京行動早めるよう提案あり。明日水俣へ行き、川本さんと打合わせて来るという〉(「同」七三年一月一六日)。

〈夜本田氏宅で会議。公調委に対する行動につき討議。宮沢氏「もう少し世論工作をしてからの方がよい」と発言。この人は日ごろ勇しいことをいいながら、行動を決定する時には、かならず日和った意見を出す。はずかしくないのか。I夫人の荷物水俣より着く〉(「同」七三年一月一八日)。

〈Ｉ夫人の荷物〉というのは石牟礼道子の引っ越し荷物のことだ。自宅のある水俣を拠点にしていたが、告発する会の本拠である熊本市に仕事場を構えることにしたのだ。

〈Ｉ夫人、上京の件心配す。告発出来上る、なかなかよし。夜に入り、仲間たち次々に出発。弁護団、今日第二次訴訟提訴す〉（「同」七三年一月二〇日）。

『告発』特別号は川本のインタビューで一面を埋めている。「全患者への侮辱／調停阻止に全力を！」の横見出しがつく。二、三面の中央には、自主交渉派、訴訟派、市民会議、告発する会の「文書偽造問題に対する声明文」を掲載。〈このような不法が存在し、混乱が生じている以上、調停作業を中止するのは当然〉として、〈加害者チッソは公調委のかげにかくれての水俣病患者圧殺をはかっており、いま表面にその醜怪な姿をあらわしていない〉と書いている。

〈夜に入り、仲間たち次々に出発〉とあるのは、東京の公調委へ抗議活動におもむくためである。渡辺自身も〈松浦、本田氏とともに四時四十二分の博多行特急にのる。博多で名古屋行金星にのりかえ〉（「渡辺京二日記」七三年一月二一日）と決戦場に向かう。

調停申請者四人と川本らは一月二二日、総理府の公調委を訪ねた。〈結果はさらにひどいものであった。七二年九月九日付で、八〇名の申請者が五名を代理人に選任する委任状が別に提出されており、その場で直接確認した三名とも署名捺印していないことがはっきりした。委任状作成の時点ですでに死亡しているのに署名捺印したことになっているものもあった〉（後藤孝典『沈黙と爆発』）。

渡辺ら告発する会の約一〇〇人が同日午後二時四十五分、総理府内に入った。〈柵をのりこえ突入スタイルでかけこんだが、守衛が制止しただけ。公調委事務局の廊下にすわりこんでも、職員たちは冷静で、何の対応もなし。三時半ごろ座りこみ部隊全員、会議中の部屋に入る〉(「渡辺京二日記」七三年一月二二日)。

川本は「委員長、出てこい」とドアを蹴った。午後四時過ぎ、五十嵐委員長が出てきた。「調停作業を現時点で凍結する」と述べる。さらに文書偽造であるか否かの現地調査を約束。患者の怒りは収まらず、追及は夜を徹して続き、二三日午前一時過ぎ、退去命令が出た。午前三時過ぎ、公調委は機動隊を導入し、患者・支援者の強制排除を行った。

「調停作業を現時点で凍結する」の言質を得るなど抗議行動は一定の成果を上げた。しかし、渡辺は相手の態度に深刻な打撃を受けた。〈権力からは徹底していなされ、相手にされなかった。挑発にのらず、さわぎにしない、という彼らの方針はみごとに貫徹された。こういう突入、すわりこみスタイルの行動は、このような対応をされるかぎり、完全に意味を失ってしまう。もう二度とやるべきではない〉(同)。闘争の落日である。

一月二五日から調停派患者の意思確認のための現地調査が数日間行われた。〈調査対象者一四四人のうち、代理人を選んだと答えたもの一一五人、覚えていないと答えたもの一一人、選んでいないと答えたもの一六人、代理人を選んだと答えたもの一一五人のうち、金額まで代理人にまかせるつもりはなかったと答えたもの、一九人というものであった。これでは全員に代理人選任意思があったとすることはできず、まして個別代理で手続を進めることはできない。しかし公調委は、誰がどのようにしてこの委任状などを作成したかについては、調査もせず公表もしなかった〉(後藤孝典『沈黙と爆発』)。

この調停は、チッソが自主交渉派を切り崩すため二〇万円の支払いと交換に申請させたものであることも、問題を複雑にしている。偽造が判明しても申請を取り下げる人が少なかったのは、取り下げれば二〇万円をチッソに返さねばならないからだ。

二月二月、川本は水俣市公害課の田浦孝課長らと面会した。ニセ文書作成の経緯が明らかになった。①調停申請書の理由書や経過記載書は一任派書記が書類提出に上京してから宿舎で書き、患者はその内容を知らない②その際の行動費や印紙代は水俣市長や自民党水俣支部長から数十万円出た③委任状など公調委の指示通りに水俣市公害課が作成。署名も市職員が手分けして書いた——など。公調委や水俣の有力者が暗躍していたのである。

二月三日、五十嵐に代わって小沢文雄（元仙台高裁長官）が公調委委員長に就任した。公調委は同日、〈訴訟の判決（三月二〇日）より早くするため、十分な調査もすまないうちに、無理やり調停案を出してしまうようなことはしません〉と約束した。

判決前夜

水俣病訴訟の判決が全患者の補償基準となることが確定的となった。三月二〇日の判決は原告勝訴が予想され、補償額をどれだけ裁判所が認めるか、に焦点が移った。

そんな中、七三年一月二〇日、新認定患者一〇人、未認定患者三四人とその家族一四一人が第二次訴訟を起こした。原告患者本人二二〇〇万円などの慰謝料をチッソに請求。一見、敗色濃厚のチッソに追い討ちをかける積極攻勢に見えるが、実態は原告側の主導権争いの様相が濃く、連携を壊しかねない危うさをひめていた。

二次訴訟は、訴訟派、自主交渉派、市民会議、告発する会の反対を押し切って起こされた。訴訟派は、「訴訟派原告患者の新認定患者は自主交渉派に加わること」を決定している。それなのに、二次訴訟は県民会議医師団が発掘した新認定患者が中心である。自主交渉派の否定につながりかねない。訴訟派などは「提訴するなら判決後に」と要請したが、弁護団は「判決に有利になる」と提訴を強行した。

患者も市民会議も告発する会も政党とは無縁である。「患者のやりたいことを第一義に実現する」を旗印に、闘いを切り開いてきた。一方の弁護団は共産党主導色が強い。二次訴訟原告を発掘した県民会議医師団も共産党系である。市民会議や告発する会の見立てでは、闘争の各プロセスに遅れをとって焦燥にかられた共産党が、二次訴訟を起こすことで主導権を取り戻そうとしているのだ。

二次訴訟原告を中心に認定患者・未認定患者による「水俣病被害者の会」(会長・隈本栄一、約一〇〇人)が七三年五月五日に結成された。会は同年一二月、活動拠点として水俣診療所を水俣駅前に開設。診療所は七八年三月には神経精神科など四科から成る水俣協立病院(四五床)へと拡充された。政党主導の患者救済の動きは水俣病事件史上、初めてである。

二次訴訟を〝自主交渉派に対する切り崩し〟と受け取った告発する会は三月一二日、県民会議(県総評、告発する会、市民会議、弁護団などから構成)からの脱退を決めた。二次訴訟支援を表明した県民会議への抗議であるとともに、判決後の交渉に弁護団参加を容認した市民会議と一線を画すという意味もある。「分裂行動をとった」と共産党は激怒した。

〈午後二時すぎ、阿南氏に起される。昨夜の患者と弁護団・市民会議の会合で、交渉に弁護団が同席するようにきまったという。すぐ県民会議脱退の決意をし、阿南君のバイクでカリガリへ。

松浦、松岡氏の同意を得、夕刻、本田氏へそのむね伝える。裁判所前テントへ行き、学生諸君に報告と問題提起。夜、カリガリで記者会見。そのあと会議。一応すっきりした方針出る〉（「渡辺京二日記」七三年三月一二日）。

〈阿南氏〉は告発する会の事務局長、阿南満昭。水俣での話し合いから帰った阿南は、判決後の弁護団参加の件を渡辺京二に伝え、渡辺はすぐ反応した。混迷する状況を整理し、みずからの立ち位置を明らかにする必要があると思ったのだろう。渡辺は三月一三日、「患者は裁判闘争をのりこえた」という声明を出した。その中で、患者の「思いをはらす」という言葉の意味に言及する。心を落ち着けて、〝初心〟を思い返せ、と言っているのだ。声明を石牟礼道子が記録している。

〈患者は自分たちを地獄のどん底につき落したこの世の支配の体制を根本的に否定する闘いを、自分たちの手作りの言葉で何とか表現しようとしているのだ。私たちが四年間闘って来た闘いは、まさにこのような患者の欲求をそのあるべき姿で顕現させるためのものではなかったのか。患者は裁判闘争を決定的にのりこえ、自らの手で真の闘いを創出しようとする第一歩に立っている。この決定的瞬間の私たちの責任と任務が何であるか、それはもはや明らかであろう〉（『天の魚』）。

渡辺ら告発する会が阻止したいのは、弁護団と県民会議による〈患者の闘いを「水俣病裁判勝利」と祝う全国公害反対闘争のおまつりさわぎの中にからめとろう〉（同）とする動きである。〈患者の闘いを彼らの党派的利害のために収奪しようとするもくろみを許すならば、〈水俣病闘争の根本的な意味は失われ、患者自身の「もうひとつのこの世」を求める闘いはついに圧殺されるであろう〉（同）。

渡辺にしてみれば、判決後のチッソとの直接交渉に弁護団が同席するという市民会議と弁護団の決定は、決して容認できないものだった。患者や支援者との交流を軽視し、肝心の準備書面を水俣病研究会の成果に全面的に依拠した弁護団への不満は大きく、判決後の行動から弁護団を外すことは大前提だったはずである。〈弁護団同行の決定は、今回の闘いの重大な後退である。弁護団を同行するという姿勢は、交渉を四日市・新潟なみの合法的なとりひきにしてしまおうとする策動を許す姿勢である〉(同)。

告発する会の強硬姿勢に市民会議は困惑した。市民会議は二次訴訟には難色を示したが、県民会議にはとどまった。支援団体同士のあつれきは被告を利するだけである。自主交渉支援に総力を注ぐ告発する会と、裁判の勝利を優先させる市民会議とは、根本的なところで相いれないのだった。

訴訟派の長老らには「あの人たちと俺共違《おつどま》うと」と自主交渉派へのアレルギーがあり、交渉は難航した。判決後の闘争は、訴訟派と市民会議が責任を持つ、ということでようやく話がついた。三月四日、訴訟派と自主交渉派は判決後の共闘を約束した。これで交渉が空中分解しなくてすむ。訴訟派の主導権は、渡辺栄蔵、田中義光ら年長者から、田上義春、浜元二徳、坂本フジエら若手に移った。

新リーダーの田上義春は広く人望があった。川本輝夫とは若い頃、一緒に炭鉱に出稼ぎに行った仲である。石牟礼道子とも親しい。三月上旬、渡辺京二の動きはあわただしい。水俣にほぼ日参している。仲間や患者との協議や東京の支援者との連絡に追われている。

〈カリガリで緊急連絡「患者は裁判闘争をのりこえた」を書き上げ、五時四十分のバスにとびのる。松岡氏も同行。水俣到着後、すぐ日吉氏宅での市民会議との会議にのぞむ。当方の方針を通告。おくれて、本田、福元氏も来る。終了後、駅で三人とわかれ、I夫人宅へ。市民会議、深刻なショックの態〉（「渡辺京二日記」七三年三月一三日）。

市民会議は告発する会の〝過激化〟に眉を顰《ひそ》める一方、決定的な離別は避けたいという思いがあった。告発の行動力がなかったら運動はしぼんでいたであろう。判決後は患者を市民会議が支えることになっているが、現実的には、告発する会の協力が不可欠である。仲良くしたいのだが、基本的理念の違いはいかんともしがたい。それゆえ〈深刻なショックの態〉なのだ。

〈昼すぎ土本氏ら来る（一之瀬君、大津氏、小池氏）情勢を説明し、協力要請。土本さんの車で田上氏宅へ（I夫人同行）。田上氏不在。浜元フミヨさんに会う。茂道の佐藤武春さん宅へ。不在で蜜柑畑まで行く。剪定作業中で話できず。ミカンの病気で大打撃という。帰宅、三号線の出月付近で田上氏に会う。ともにI夫人宅へ。義春さんと一晩じっくり話し合い、十分わかりあえた〉（「同」七三年三月一四日）。

〈土本氏〉は記録映画監督の土本典昭。川本ら患者の信頼が篤い。渡辺は道子同伴で説明して回った。浜元フミヨや佐藤武春と会った。田上義春とも〈一晩じっくり〉話し合えたようである。判決後、「東京交渉団」の団長となる義春との意思疎通は欠かせない。

〈松浦氏と出月へ。田上、浜元二徳さんと会い、市役所へ。赤崎氏と会う。夫人に紹介される。（中略）二時、宮沢氏の車が来て、帰熊。I夫人は週刊朝日の原田氏との対談へ。授業後、本田氏宅で会議。二十日の集会のもちかたが中心〉（「同」七三年三月一六日）。

「東京交渉団の統一要求」の意思決定が三月一五日になされている。裁判の補償金だけでは十分ではない。治療費、通院・入院・介護手当、生存者・遺族年金も必要だ。一三項目をピックアップした。同日、訴訟派総会があり、「患者中心でチッソ本社での交渉を行う」と東京交渉団から弁護団を外すことを決定。渡辺が〈帰熊〉したのは一応のメドがついたからである。

〈I夫人と裁判所前テントに差入れ。夜、社会福祉会館で水俣病闘争貫徹集会。二百五十名ほど集り成功。杉本栄子さんの話圧巻なり。前田俊彦は全然アウト。公調委追及の映画上映。あとカリガリで朝日グラフ藤沢氏の問に答える。I夫人、水俣へ帰る〉（「同」七三年三月一七日）。

〈杉本栄子〉は水俣病患者。〈前田俊彦〉は社会運動家。〈裁判所前テント〉とあるのは、三月一〇日から泊まり込んでいる学生たちの拠点を指す。そこへ道子と差し入れに行った。判決当日には告発する会主催の集会とデモが予定されている。学生らは傍聴券確保のため数十人が座り込んでいる。斎藤次郎裁判長は渡辺を裁判所に招き、「一団体で〝固めどり〟したら、まずいのではないですか？」と言った（渡辺京二「水俣から訴えられたこと」）。

「全国から公害患者が来る。全部あげるんです」「あなた方は（共産党と）一緒に闘っているんでしょう？」「冗談じゃありません。（共産党は）水俣なんかいっぺんも来たことありません。患者の家にも来たことがありません。自分の党派の宣伝がしたいだけです」。

三月一九日の夜明け前、渡辺京二は裁判所に行った。〈五時半に裁判所着。まだ夜あけず、寒し〉（「同」七三年三月一九日）。告発する会の学生が約一〇〇人、共産党民青県委員会が約六〇人。〈傍聴券の行列で民青（県民会議）と武闘。完全におしまくる。三時すぎ交付。八十二枚、うち報道分のぞき完全にとる〉（同）。

傍聴券争奪戦のあった一九日の前日、チッソの島田社長が水俣で記者会見し、「いかなる判決

開廷した水俣病判決公判＝1973年3月20日、熊本地裁

にも服する。控訴しない」と表明。判決当日は大勢の支援者や報道関係者で熊本地裁の混乱が予想された。地裁は県警に警備を要請し、県警は約五〇〇人を動員することを決めた。

判決

「渡辺栄蔵一一〇〇万円……上村智子一八九二万五〇四一円、内金八〇〇万円については……」

七三年三月二〇日午前九時三五分、判決言い渡しが始まった。斎藤次郎裁判長が補償金額を読み上げていく。〈裁判長の正面に、母良子さんに抱かれていた智子ちゃんが、このとき、こたえるかのようにうめき声をあげはじめ、それは閉廷まで高く低く続いた〉（『告発』第四六号）。

原告勝訴。チッソの過失責任を明快に認め、見舞金契約を公序良俗に反して無効と判断。チッソに総額九億三七三〇万七五六五円の支払いを命じた（請求額は一五億八八二五万六〇三八円）。過失論、見舞金契約の判断、損害論のいずれにおいても猫四〇〇号実験に言及しており、細川一の証言の重要性も裏付けられた。判決理由の骨子は以下の通り。

①水俣病の発症は、被告チッソ水俣工場から放流されたアセトアルデヒド製造設備廃水中の有機水銀化合物の作用によるものである。
②被告チッソ水俣工場では、この廃水を工場外に放流するに当たり、合成化学工場として要請される注意義務を怠ったから、被告に過失の責任がある。
③いわゆる見舞金契約は、公序良俗に違反し無効である。
④原告らの損害賠償請求権の消滅時効は、未だ完成していない。
⑤よって、被告は原告らに対し、不法行為に基づく損害賠償の義務がある。

最大の争点となった過失論はどのように判断されたのか。チッソは、予見の対象をメチル水銀化合物の生成・流出とそれによる水俣病の発症に限定し、水銀化合物の生成・流出、それによる発症を予知・予見できなかった以上、過失はないと主張していた。

判決は、水俣病研究会『水俣病にたいする企業の責任』で展開された富樫貞夫の過失法理論をベースとしていた。すなわち、「被告のような考え方をおしすすめると、環境が汚染破壊され、住民の生命・健康に危害が及んだ段階で初めてその危険性が実証される。それまでは危険性のある廃水の放流も許容されざるを得ず、住民の生命・健康を侵害してもやむを得ないこととされ、住民をいわば人体実験に供することを容認することにもなるから、明らかに不当といわなければならない」とチッソの主張を断罪した。

見舞金契約に関して判決は「患者家族の無知と窮迫に乗じて、低額の見舞金を支払うかわりに、将来にわたって損害賠償請求を一切放棄させようとした」と断じ、「公序良俗に反する」と結論づけた。

認容額は、死者が一〇九〇万（子ども）～一八〇〇万円。生存者がA一八〇〇万円、B一七〇〇万円、C一六〇〇万円の三ランク。近親者の慰謝料は、配偶者二五〇万～四〇〇万円、親二〇〇万円、子一〇〇万～三〇〇万円——など。「慰謝料の算定に当たっては各患者の個々の状況を斟酌」したという。死亡者、生存患者の認容額は新潟水俣病裁判の最高額の倍近くになった。

閉廷は午前一〇時四四分。被告席の土谷栄一総務部長らはすぐに去った。「これですんだっち思うなよ」と浜元フミヨの声が追いかける。

告発する会による判決前の集会では渡辺京二が「水俣病闘争とは何か、それは患者自身が構築する、この連続的な終わることのない闘争として今日まで四年間闘いつづけられた。あるときには裁判闘争という形をとり、あるときは一株運動、あるときは巡礼団の姿、あるときはチッソ本社に乗り込む運動として展開された」と語った。

判決後、門のくぐり戸から患者らが出てくる。原告団長の渡辺栄蔵は「本当に斎藤次郎裁判長は、本当に、よい裁きをして下さった。不平を言えば、何回も言うようですが、あります。見舞金契約を無効にしてくれた点など本当によかったと思う」と言った。

市民会議の日吉フミコは「水俣では、患者の苦痛が激しかっただけに、家族の悩みが多かった

上―判決の日、支援団体の集会に参加した胎児性患者の坂本しのぶさん＝1973年3月20日、熊本地裁前
下―チッソを糾弾するゼッケンをつけて判決を待つ水俣病を告発する会の会員ら＝1973年3月20日、熊本地裁前

だけに、一億円とっても絶対に万歳は言えない。だから支援の皆さまも万歳は言ってほしくない」と述べた。

「裁判では想いは晴れぬ！　チッソ本社に乗り込むぞ‼」の横断幕。「勝訴」と書いた紙を弁護士が掲げ、原告らが喜びに包まれる、といった通常の慰謝料請求訴訟の光景がここにはない。「勝った」とか「バンザイ」を口にする者がいない。

幼い長女を水俣病で亡くし、胎児性の次女をもつ坂本フジエは「長女の命の値段も、胎児性の次女しのぶの金額も出ました。しかし、しのぶはよくなりません、患者の生きるための、私たちは今からの仕事が待っていますので、患者の生きている限り支援をお願いします」と話した。

長女キヨ子を水俣病で亡くした坂本トキノは「キヨ子が生きておれば今は四十八。馬鹿じゃ神経じゃち言われてよ、苦しんで死んでお金に変わってしもたがなと思ったら、お金もろてもひとつもうれしゅうはなか。金であん子ば売ったと同じようなもんじゃち思たら情けなくてな……きょうはほんとにショックを受けたばい。金をもろても使いみちはなか」と言うのだ。

告発する会の報告集会では、判決後にチッソ本社に乗り込むことについての意思確認を行った。東京交渉団の団長を務める田上義春は「判決は下ったが、これで済まされるような問題ではない。私たちは前々から意思一致していたように東京で交渉を行うようにしています。自分たちはあくまでも粘り強くやっていくつもりですのでどうぞよろしく」と決意を語った。

斎藤裁判長は判決後、「裁判にはおのずから限界があるから、裁判に多くを期待するのは誤りである。企業側とこれを指導監督すべき政治・行政の担当者による誠意ある努力なしに根本的な公害問題解決はあり得ない」と異例のコメントを出した。

患者に膝をついて謝罪するチッソ水俣支社の山根勇支社長＝1973年3月20日、水俣・チッソ支社

渡辺栄蔵ら患者代表と弁護団は同日午後六時過ぎ、チッソ水俣支社を訪問。地裁八代支部執行官が「判決に基づき損害賠償の仮執行を行う」と宣言、患者から「土下座しろ」の声。山根勇支社長は「許して下さい」と膝をついた。「全額、すぐ払え」と栄蔵が迫り、チッソの弁護士が小切手の入った封筒を差し出した。

患者と支援者は同日夜、夜行列車で東京に向かった。

東京交渉団

〈いまのチッソはまさに「前門のトラ、後門のオオカミ」――ドロ沼不況と、ふくれあがる水俣病患者にはさまれて、土壇場に立たされているのは事実。ある化学メーカーの社長は「もはやチッソの再建は銀行の手に余る。早く補償問題にメドをつけ、思い切った手を打たないとどうしようもない」という〉。

判決の一年半余り前、七二年一月二八日の毎日新聞はチッソの窮状を伝えている。七一年九月期には、チッソは所有していた主力銀行の日本興行銀行株七六万株と三和銀行株六〇株などを約三億七六〇〇万円で売却。七二年一月二五日、チッソの島田賢一社長は大石武一環境庁長官に「水俣病補償が企業の支払い能力を超えるときは政府融資などの措置を講じてほしい」と申し入れた。

チッソの経営状況は悪化の一途をたどっていた。判決翌日の各紙は判決内容に劣らぬ大きな見出しでチッソの財政難を伝えた。メーンバンク興銀の共同責任を問う声も強まりつつある。

〈チッソはどこへ行く／補償金は一〇〇億円超す、無配・赤字一八億円……さえぬ業績、倒産あるまいが大きい打撃／見当もつかぬばく大な代価／強まるか水俣撤退色〉（『熊本日日新聞』）。

〈チッソ、厳しい再建の道、総補償・百億円超えそう〉（『読売新聞』）。

〈「今後の補償総額　見当もつかない」、頭かかえるチッソ〉（『毎日新聞』）。

〈チッソ、隠された賠償能力、背後に黒字子会社群、ポリプロ、塩ビ好調、本体は〝清算会社〟、財界の目は冷やか、銀行にも連帯責任〉（『朝日新聞』）。

主力産業の石油化学の不振に加え、水俣病患者らへの補償が及ぼす影響を日本経済新聞が犀利に分析している（三月二一日）。

〈半期売り上げ二三〇億円、前九月期の経常収支四億五〇〇〇万円の赤字で累積赤字は一八億円。長短四〇〇億円の借り入れに対する金利負担が年間四六億円。手持ちの現預金四八億円（四七年三月末）、同有価証券二七億円と資産もそれほど潤沢とはいえない。仮に賠償金問題をかかえていなくても経営の不振が問われる現状である〉。

訴訟派患者と自主交渉派患者が合流した東京交渉団とチッソの交渉が始まる。七三年三月二二日の第一回交渉は午前一〇時に始まった。患者家族が、チッソ東京本社が入る東京ビルの玄関前に集まった。〈ふみよさん、上村さんはじめ、出て来る患者みな、交渉は自分たちがやるから黙って見ていろという趣旨のあいさつ。市民会議は告発の連中は爆弾をもって来ていると患者にふきこんだらしい。交渉のペースはこの一発できまった。すなわち市民会議主導、平和的話し合いの路線〉(「渡辺京二日記」七三年三月二二日)。

告発する会は前夜打ち合わせを行い、「四階の鉄格子の撤去が最大の問題」という結論に達していた。チッソの全出入口を封鎖し、本社業務をすべて止めてしまうという戦術を構想していた。しかし、交渉団長の田上義春も市民会議の日吉フミコも、「過激な行動は慎むように」と釘を刺した。〈鉄格子突破占拠の方向は一しゅんのうちに崩れた〉(同)。

市民会議優勢である。日吉が聞こえよがしに、「市民会議は患者をおっとられんごつ、しっかりおさえとかにゃ」と言う。告発する会に患者をとられないようにしようと言うのである。告発側の石牟礼道子や渡辺京二は当惑した。運動の進展に伴い、市民会議と告発する会には理念の違いから溝ができたが、判決後はわだかまりも解け、運動当初のように協調してやっていけると思っていた。溝は思ったよりも深く、亀裂と呼ぶのがふさわしいのかもしれなかった。

交渉は三階の一室で行われた。患者家族約四〇人がチッソ側と向かい合い、患者家族の後ろに市民会議、告発する会、水俣病研究会、第一組合が並ぶ。チッソ側の出席者は島田賢一社長、入江寛二専務、久我正一常務、土谷栄一総務部長ら約一〇人。これまで患者を威嚇してきた五井工場従業員や第二組合員の姿のないことが、「判決後」を物語っていた。

交渉開始。患者はまず、誓約書に判をつけと要求した。島田社長は「水俣病に係るすべての償いを誠意をもって実行致します」の「すべての償い」に難色を示した。「出来る限りの事を実行させて頂く」に変えてほしいというのである。田上義春「あんたどんは上訴権を放棄して、企業責任が明確になったっじゃろうが」。島田社長「あとから出てくる患者さんに補償できなかったら困るんですよ」。五時間以上経過。日吉フミコが「誰も会社を潰そうと思ってはいないんですよ、水俣では。私は人間として土下座してお願いします」と手をつき、社長は「日吉さんのお言葉を信用して」と判を押す。社長は土下座して謝罪した。

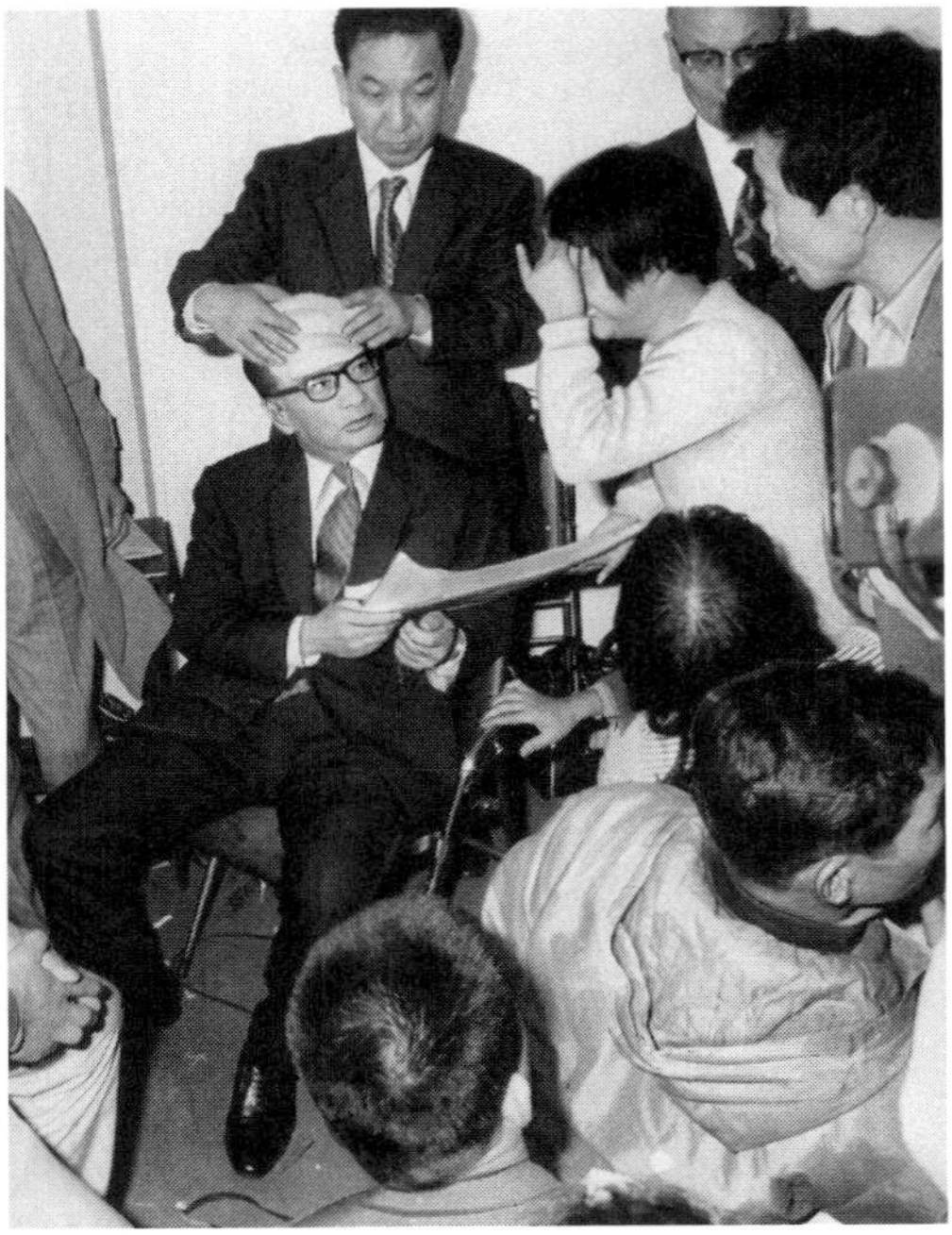

タオルで頭を冷やす島田賢一社長に誓約書への署名を迫る患者ら＝1973年3月22日、東京・チッソ本社

「印鑑な付いてもろたで、今度はひとつ、要求項目ばいいます」と東京交渉団団長の田上義春が発言し、治療費の内訳、通院、入院、介護、おむつなどの手当ての細目を黒板に書いていった。「治療費として、薬代、療養費、マッサージ代、温泉治療費、往診費等、及び、ハリ、キュウの治療費の請求手続きを簡素化せよ……」。

交渉二日目の三月二三日。チッソは鉄格子を撤去した。会場も四階に移した。〈交渉内容は医療費問題。釜さん机の上にのぼり社長に頭を下げる。こういうスタイルではもうだめ。うんざりだ〉（「渡辺京二日記」七三年三月二三日）。石牟礼道子が市民会議の打ち合わせから締め出されるという事態が起きた。道子は告発する会に活動の重点を置いているが、市民会議の発足以来のメンバーである。〈I夫人、「あんたは告発だろう」と市民会議の会議に入れてもらえないよし。終末的様相深し〉（同）。

本格的な交渉は浜元フミヨの言葉から始まった。石牟礼道子『天の魚』から引く。

〈判決は下りた。満額とれた……。（中略）ああ、世間じゃ、高か銭もろうたよ、もうけたよというでしょう。うらやましかよと、いうにちがいなか。ああもう、どのようにして死にましたいのちですか。（中略）わたしゃ、親が死んで行った姿を思えば、弟が、どげんして死んで行くか。思えば、弟が死んでゆく姿を思えば、うちの上の智子ちゃん、弟がちんばひいて漂浪《され》きよる姿ば、見ろうごつなか。ああ、見ろうごつなかです。うちの上の智子ちゃん、智子ちゃんが生き証人、骨もねじれて、生きとる間、泣くよりほかはなか。親も妹たちも家族ぜんぶ夜中も夜明けももろ泣きじゃ。判決まで、生きのびるじゃろうかちいいおらった。なあ社長さん、あんたはそういうことを知っとんなるか、その姿ば。智子ちゃん家《げ》の母ちゃんに、口で、きつかな、ちゅう言葉ば、わたしゃ、云いは、なりまっせん。いわるるか。そのきつさが口でいわれますか。看病しあげて死なせるほかはないつらさが口のあいさつでいわれますか。（中略）人間な、なんのために、生まれてくるか、なんのために生まれてきたか〉。

フミヨの独白のあと、訴訟派長老、小道徳市の最期の様子を書き、道子は『天の魚』を終えている。〈流木のかけらのような掌の輪郭が一瞬浮上し、波うつベッドの上に、金色の夕日が流れた〉。苦海浄土三部作の締めくくりである。

三月二二日に始まった患者らの交渉は七月九日の補償協定締結まで約四カ月を要した。その補償協定の内容こそが患者や一部支援者にとっては決定的に重要なのだが、道子は惜しげもなく作品から切り捨てている。要求項目は書かれているのに、その結果が書かれていないとはどういうことであろう。

苦海浄土第三部『天の魚』（一九七四年）冒頭に掲げられた「序詩」（のちに「幻のえにし」の題で『石牟礼道子全詩集』に収録）を思い起こそう。

〈生死《しょうじ》のあわいにあればなつかしく候《そうろう》／みなみなまぼろしのえにしなり／おん身の勤行《ごんぎょう》に殉ずるにあらず　ひとえにわたくしのかなしみに殉ずるにあれば　道行《みちゆき》のえにしはまぼろしふかくして一期の闇のなかなりし（以下略）〉。

渡辺京二の解読によると、〈おん身の勤行〉とは、「水俣病患者への支援運動」を指す。ここで道子は「私が水俣病の裁判闘争であなた方（患者）に加勢しているのは、あなたたちがやろうと思っている事に殉じているわけではございません」と言っているのだ。「あなた方（患者）に何かしてあげようというわけではない。私がやっているのはひたすら、私の悲しみに殉じるためにやっているのであります」という。

〈私が水俣病をやってるのは自分の悲しみに殉じているのよと、こう言ってる。というのは自分が小さい時から自分が自然と分かれて、自然そのものの存在から分かれて人間に形成されていく、そのことを非常に深い悲しみとして感じていた。そういう悲しみ、自分の一生のテーマを、たまたま水俣病の中に見出しているだけなんだ。だから決して患者さんのために何とかやってるとか偉そうなことじゃなく自分の悲しみを表現してるだけなんだー、と、彼女はその詩の中で言ってるんです〉(渡辺京二『幻のえにし』)。

言葉がつながらない世界。この世で存在することの根本的な孤独を、道子は「序詩」に書いた。『天の魚』の結び付近の文体には「見るべきほどのことは見つ」(『平家物語』)と言わんばかりの充足感がある。〈一面に黄金色の霧がかかりはじめていた〉。孤絶を余儀なくされるこの世で「もうひとつのこの世」での共生の可能性を探り、困難、また困難の道行きの果て、共生の幻が砕け散るのを見届けた。道子にとって、水俣病闘争は終わっていたのだ。

補償協定

チッソは三月二四日、裁判係争中の死亡患者山田善蔵の慰謝料支払いを回答。二五～二六日の徹夜交渉の結果、新認定死亡患者の判決並みの支払いを約束した。生活年金補償について三〇日にゼロ回答。三一日、岩本公冬(公調委調停中)の慰謝料で交渉、岩本の血まみれの抗議に一六〇〇万円の仮払いを回答。その後、中断。

チッソは四月五日、水俣支社で最終補償案を発表。一任派には判決並み補償/自主交渉派・中間派には公調委調停派と同じく一六〇〇万円を仮払い——というものだ。生活年金はゼロ回答。四月一三日、浜元フミヨら一七人が補償金を返却。通帳や現金をテーブルに積んだ。「カネは返すから体を元に戻せ」というのである。

四月二八日には第二次訴訟派がチッソと交渉。訴訟取り下げを条件に認定患者には判決並み補償で合意。棄却・未認定患者だけで訴訟続行。

四月三〇日、東京交渉団へ公調委調停案と同額の年金二四〜七二万円を回答。東京交渉団は五月一日の臨時総会でチッソ提案を拒否、闘争続行を確認した。

チッソは交渉再開拒否のまま、五月五日、全社員が東京本社から逃亡。都内数カ所に分散して業務遂行。患者家族は無人の東京本社内に座り込んだ。以後七〇日間籠城。

チッソは五月七日、三月期決算を発表。経常利益三億四六九〇万七〇〇〇円、累積赤字七〇億六六四四万二〇〇〇円。

預金通帳や現金を積み上げ、島田賢一社長に「カネは返す。もとの身体にかえせ」と要求する患者ら。（左から）田上義春、浜元フミヨ、坂本フジエ＝1973年4月13日、東京・チッソ本社

補償協定をめぐる攻防で、要求項目の内容検討はむろん重要だが、注目すべきは患者の言葉である。長年念願してきたチッソとの相対の場で何をどんなふうに語ったか。土本典昭の記録映画『水俣一揆 一生を問う人びと』などから採録する。

釜しおり「私はもうどうなってもいいです……この、こどもですね、こどもですよ、私たちはコドモだけ、何にももう頼るも

のない。でもこどもだけを生き甲斐にしてるんですよ。（胸中のことばを、わななきのあまり身をよじらせながら語る）……それをあなたは殺そうとしているじゃありませんか！　それでいて、……そんな！……にんげんって……あんた、あんたはにんげんですか、にんげんだったら、誠意があったら、ほんとに答えなさい。あなたにほんとうににんげんの気持ちがあったら答えなさい」（三月二四日）

坂本トキノ（長女キヨ子を娘ざかりで失った母親）「あなたの長女を私に売って下さい。ねえ、ほうすっとね、水銀のまして、ぐたぐたになして、あんたに看病させますから……。わたしは三年間、手もあてられない、くずれて病んだ娘をあずかってきたんですよ、この手で、夜もよなかも……。親娘ふたりが泣いて……。そんなことが分かりますか、あんた方には……。だからわたしがもらったお金で、あの娘がもらったお金で、あんたの子どもを買いますから……。ねえ、そんで水銀のましてぐたぐたになしてあんたに看病させますから……。してみなさい、そうすっとわたしたちの気持ちが分かるから」（三月二五日）

川本輝夫「こどもさんも三人か四人居られるちいわれた。……なあ、小崎さんとこもおられる、松本さんとこもおられる……こどもさんも……。あんたと同じように父じゃった。そんなに違ってよかもんじゃろうか……。日本全国のおなじ父と母が。ねえ社長、そんなに違いがあってよかですか。同じ幸せであるべき父と母が、そんなに変わって……いいですか。（中略）……あんたおれよりうんと年上じゃ、なあ、娑婆の経験もうんとある。人も使っとる……何万人と。なあ、にんげんなんてとうに見抜いとるじゃろう。にんげんがどげん生きないかんか、どげん暮さないかんかちゅうことぐらい、あんた、ひとかどのものを持っとるじゃろう」（三月二五日）

坂本タカエ「にんげんはな、にんげんは死んとは軽ろかたいよ、生きてくとがむつかしかじゃってなあ。生きてくには、めしをくうたびに、あんた、ぜにのなからば、食っていかれんだってで……。死ぬとなら、こげん東京までわざわざ上って来んとやもん、生きるために来たっじゃもん。〝今から出てくる患者さんにもやらんばんで〟とか、そげなふうに言うばってん、いま、現在、患者になって生きとるにんげん、どげんせんばんとか、死んでけというのと一緒やがな」(三月二八日)

田上義春「あんたどもは、えらい異常状態じゃと言いよるが、現在の事態は誰がつくったかな。今まで過去に交渉らしいことがあったかな。一遍でもこういうことがあったかな。当たり前の話では話にならんかったっばい。裁判があった、あんたどもはやっと責任を認めた。予言者じゃなかばってんな、あんたどもがゴマかして逃げて行ったとしてもたいな、水俣病患者がおる限りまたいつか出てくっと。今あんたは頭が混乱しとるで、一人のとき、冷静になったとき、考えてみんな。また起こってくるですばい。そんときにゃ、あんたは社長じゃなかろうばってん。あんたはチッソの最高責任者じゃがな。おっどんがごとバカの大将とは違うばい。物事はもうちっと先を見てせにゃな」(四月一五日)

暗礁に乗り上げた交渉が再び動き出す契機となったのは、五月二二日朝日新聞「有明海に第三水俣病」のスクープ記事だ。〈熊大研究班近く報告/全国の水銀使用工場周辺に警鐘/患者八人、二人疑い/汚染源日本合成などか?/底深い水銀の恐怖/氷山の一角の可能性/第三水俣病工場総点検を/不用意に廃水放流〉などと書いている。

以後、「第三水俣病」の疑いのある患者の記事が各紙に続出。熊本・宇土、福岡・大牟田、山

第三水俣病事件が勃発。風評被害に怒った福岡、佐賀、長崎、熊本四県漁連の漁民が公害の発生元と疑われる企業の正面玄関に魚をばらまいた＝1973年6月19日、熊本

ロ・徳山、新潟・関川と地名が次々に浮上した。七三年七月に環境庁の検討会が発足、朝日新聞による第三水俣病説の根拠である熊本大二次研究班の結論の再検討を決定。次々と「シロ判定」が出た。騒動は収束に向かうこととなる。

〝第三水俣病事件〟の勃発と、風評被害に憤激した漁民の抗議活動の激化で、チッソは新たな漁業補償の検討、環境庁は水銀パニックへの対策に迫られた。両者とも水俣病補償問題の早期解決が焦眉の急になったのである。

熊本選出の馬場昇衆院議員が東京交渉団の代理人に、入江寛二専務がチッソの交渉担当者となり、環境庁事務次官があっせんを担当。東京交渉団は七月九日、チッソと補償協定書を締結した。交渉開始から約四カ月が経過していた。立会人は三木武夫環境庁長官ら四人。「（チッソは）悲惨な『水俣病』を発生させ、人間破壊をもたらした事実を率直に認める」（前文）。主な協定内容は次の通りだ。

「漁業不振と魚価暴落の損失を補償せよ」とチッソ専用岸壁のある
水俣湾梅戸港を封鎖する漁船＝1973年7月6日、水俣

〈慰謝料　一八〇〇万円、一七〇〇万円、一六〇〇万円の三ランク／終身特別調整手当　月六万、三万、二万円の三ランク／葬祭料　一時金二〇万円／三億円の医療基金を運営し、おむつ手当（一人月一万円）、介護手当（一人月一万円）、患者死亡の場合の香典（一〇万円）、交通費（実費）などを捻出〉。

調印後、田上義春団長は〈未だに不知火海沿岸、有明海沿岸に取り残されているとみられる患者、救いの手を待つ漁民等々と苦楽を共に分ち、公害撲滅とチッソと行政の原罪追及の闘いに歩き出すものである〉との声明を発表した。水俣病闘争の終結である。

東京交渉団（訴訟派、自主交渉派）の調印後、一任派、調停派、中間派も同一内容の協定に調印した。同一の補償条件で患者は横並びになったのである。画期的なのは、

〈本協定内容は、協定締結以降認定された患者についても希望する者には適用する〉という条項が入ったことだ。患者として認定されれば、同条件の補償が得られるのである。患者申請は急増し、この年だけで二〇〇〇人を超えた。

『告発』終刊号（七三年八月）の一面を飾るのは松浦豊敏の「一つの局面の終りに　水俣病闘争総括」と題した論文である。松浦個人の署名であるが、告発する会の闘争への最終的見解を示しているとみていい。松浦は闘争へは途中参加ながら、告発する会の指導者のひとりである。〈（東京交渉は）水俣病闘争についての様々な幻想が打砕かれてゆく過程であったともいえる。闘争はその掲げられた要求が満たされたとする時終る。水俣病闘争もつまるところそれ以上のものにはなり得なかったとしなければならない〉。松浦論文は苦い思いを最初につづる。〈幻想が打砕かれてゆく過程〉とは、どういうことを指すのか。

それはまず、裁判闘争だ。「今日ただいまから、私たちは、国家権力に対して、立ちむかうことになったのでございます」という第一声で始まった裁判は、世論を味方につけることなどで勝利したが、その勝利は通常の賠償請求訴訟の枠内にとどまった。〈立ちむかわれた国家は患者反逆の鉾先を鈍らせる程の判決を下した。闘いはそれを乗りこえることは出来なかった〉。

松浦が次に挙げるのは、自主交渉闘争だ。〈裁判を権力の調停機関と見なした直接法的闘い〉は世論の関心を集め多くの支援者を糾合した。本社乗り込み、本社占拠、五井事件、鉄格子……。〈自主交渉闘争は裁判闘争を越えるものとして評価された〉が判決後には失速し、東京交渉の中では補償額を判決並みに引き下げざるを得なかった。

東京交渉での〈患者の生涯生活の保障を迫り、新旧認定の壁を突き破ってゆく個々の噴出は圧

東京交渉団がチッソと補償協定書を締結。右側が交渉団、左側がチッソ、
正面(中央)は立会人の三木武夫環境庁長官＝1973年7月9日、東京・環境庁

倒的であった〉としつつ、〈チッソ島田社長の誓約書を、どうして頭を下げてまでお願いをしなければならなかったのか。そうしてとられた誓約は破られるのが常である〉など、ともに支援を担う市民会議との連携がうまくいかなくなった無念の思いをにじませている。

〈私達は、今この裁判、自主交渉、東京交渉という一連の闘争が終るに当り、私達の力及ばなかった余りに多くのことを深く愧じる〉と率直に述べるのだった。終刊号の二ページ以降は建設中の水俣病センターの詳細などが報じられており、水俣病患者救済運動が新たな段階に入ったことが感じられる。

渡辺京二は石牟礼道子と同じく、〈私にとって水俣病闘争はたしかに終った〉(「渡辺京二日記」七三年三月二四日)と感じていた。三月三一日以降、日記から水俣病にかんする記述が消える。水俣から熊本に移ってきた石牟礼道子の仕事場の設え、収入源の塾の経営、生活の柱に据えた集中的な読書——で多忙である。補償協定書が締結された七月九日、ただ一行だけ、〈東京交渉団、本日、チッソと協定に調印〉と書いた。

石牟礼道子は七三年八月、「アジアのノーベル賞」といわれるフィリピンのマグサイサイ賞を受賞。戦時の混乱した記憶から、マニラ湾を米国の真珠湾だと勘違いしていた道子はスピーチでそのことに言及する可能性があったが、胸騒ぎを覚えた渡辺がスピーチ原稿を事前に見て、事なきを得た。

石牟礼道子、渡辺京二、松浦豊敏は同年一〇月、季刊誌『暗河』を創刊。九二年まで四八冊を出した。

第六章　個々の闘い　果てしなく

水俣病センター

一九七三年七月一二日正午過ぎ、患者と支援者約七〇人がテント前で集会を開いた。東京での自主交渉のあいだテントとずっと付き合った川本輝夫は「形としてのテントはなくなるが、今後はテントを心の中のテントとして闘っていきたい」と述べた。約一〇分で撤去が完了した。

告発する会の本田啓吉代表は「尾上時義さんにあと四～五日でも生きて、最後まで見届けてほしかった」と補償協定締結直前の七月七日に急逝した患者をしのんだ。土本典昭の記録映画『水俣　患者さんとその世界』にタコとり名人として登場する。

尾上が岩の上で休息するシーンを渡辺京二は次のように論じた。〈蛸とりの画面は、水俣病患者の生活民としての日常を描いているばかりでなく、その日常の位相が日本近代の市民社会組織を根底から否認するものであり、生活民の自立した闘争としての水俣病闘争がそのような水俣下層民の生活の位相に根拠をおかざるをえないことを暗示しているのである〉（渡辺京二『死民と日常』）。

渡辺らが論陣を張り、裁判闘争の同時進行ルポなどで水俣病闘争の推進エンジンの役割を果たした告発する会の機関誌『告発』は、七三年八月の第四九号で終刊。告発する会は以後も機関誌発行を継続。『水俣』と表題を変え、未認定患者の闘い、水俣湾ヘドロ処理、刑事弾圧訴訟など、水俣病の流転を冷静に追い、水俣現地で患者を見守った。

訴訟経過、患者紹介、論考、投書、行動提起などを写真入りで掲載して全国の支援運動をリードした『告発』。七二年八月の第三九号から「水俣病センター」への本格的言及が始まる。水俣で患者の生活を支え、医療を行う場所が必要だとの声が以前からあったのだ。七〇年一一月発行の『告発』第一八号に早くも「患者のための仕事場」を求める声が出ている。

〈田中義光「働き行っても、いずれは帰って来なんとですよ。何か技術ばつけんと、親兄弟の死んだあとで困っとじゃが。そこを何とか支援する人の力でならんじゃろか」

本田啓吉「全国から金を集めて株式会社を作ろう。一株百円でも一万人で百万円になる。患者さんたちが集まって、そこにおれば一生安心というのを作ろうじゃないか。日本中なら株主は百万人くらいおらんだろうか。すると一億になる（笑）」

日吉フミコ「それはいいですね」〉。

七二年一〇月の『告発』は「水俣病センター（仮称）をつくるために」と題した四ページの号外である。一面にユージン・スミスの「入浴する智子と母」が大きく掲げられ、その写真と一緒に石牟礼道子の「夢の中から」というエッセーが掲載されている。

患者の浜元二徳が〈夢ぞうっ！　こういうもんは……。だいたい、いまの世の中に、そういうもんを見たこともなかぞ〉と寝言を言っている。水俣病センターは〈患者さんたちのねむりの間にさえ宿りはじめ、《外側》にむけても患者同志の間柄でも、夢の中から寝言をもって問う形で、対話者を求めはじめているのです〉。夢だ、できるもんか、などと言いながら、〈出来でもしてみればこれより上のことはなかろうが〉など、じわっと思いを伝えるのは石牟礼道子の真骨頂である。

水俣病裁判結審（七二年一〇月一四日）翌日に発表された構想によると、告発する会は、患者による「もうひとつのこの世」の根拠地として水俣病センターを建設する。集会所、資料室、医療基地、共同作業場。土地取得代をふくむ建設費には募金を充てる。

募金は半年で二〇〇〇万円余り集まった。センターへ複雑な感情を示す市民もおり、土地の取得に手間取るなど当初七三年四月着工の予定が延期となった。同年八月に着工にこぎつけ、水俣病センター相思社が七四年四月七日、水俣市出月に完成した。敷地三七〇〇平方メートル、建物三棟三四〇平方メートル。建設費約三〇〇〇万円。「互いに思いやる」という意味の「相思社」は本田啓吉の命名である。

「もちろん医療が充分になされなければ、センターでもコロニーでもない。なによりも大事なのは、生ける人形といわれるような人、なにもできん人までも一生の間養いきることをするかどうかだ」（渡辺栄蔵）と期待された相思社だが、歩みは順風満帆でなかった。

当初の職員は五人。医療基地の職員は看護婦（当時）だけだった。エノキダケの栽培工場を増設して二、三人の患者を雇ったが、赤字続きで八三年五月に閉鎖した。水俣病認定申請患者協議会の申請支援など未認定患者運動の拠点となった。

川本輝夫は七五年、センターの運営は〈正直言って必ずしも理想的にいっておりません〉と認めた上で、〈言うは易く行うは難しで患者の分裂する状況もありますし、社会的基盤もありますし、しかし何にしても現実に水俣でそういう事件があったんだという、被害者がいるんだ、闘いは続けられているんだという一つの証〉として存続させたいと語っている(『水俣病誌』)。八八年には水俣病歴史考証館を設立。水俣病患者が栽培する低農薬の甘夏を販売していたが、通常の農薬で栽培した甘夏を交ぜて出荷する「甘夏事件」を八九年に起こした。理事総辞職などをへて、現在は相談業務を活動の柱に据え、高齢化する患者を支えている。

チッソ県債

石牟礼道子は、川本輝夫『水俣病誌』に寄せたエッセー「テルオさんのこと」を以下のように締めくくっている。〈社長の胸中に兆していたのは、チッソの経営権を国と労働者、患者団体に任せるというものだったが、もちろんこれは公にされなかった〉。

社長というのは七一~七三年にチッソの社長を務めた島田賢一のこと。〈公にされなかった〉文章は、道子みずから公にしている。苦海浄土三部作の「あとがき——全集版完結に際して」に島田の構想を紹介している。側近だった専務の藤井洋三が、島田の口述を書き取ったものだ。

藤井はまず〈島田さんはご苦労されるために社長になられたようなものである。親しい人が、いつも、島田さんのことを「仏様のような人だ」と言っていたが、正に言い得ている。「仏様のような人」が、なぜ、あれほどのご苦労をなされ、命を縮められなければならなかったのか〉と書く。

島田は東京交渉団との〈文字通り軟禁状態〉での徹夜交渉に疲弊し、七三年四月一九日に入院した。同二〇日、島田が「今から言うことを筆記しなさい。そして関係方面と交渉しなさい」と命じた。口述を筆記した紙は後日くしゃくしゃの状態で出てきた。藤井は〈関係方面と交渉〉するつもりはなかった。藤井が書き留めた島田の言葉は以下の通りだ（一部筆者が省略）。傍点は藤井の原文のまま。

〈チッソ株式会社にこだわらず、設備、労働者を機能的に、国家に役立てる方法をとられたい。責任問題は、株式会社にあるのであり、設備、労働者にあるのではない。（自然人としての島田が、心情的に考える金額は、会社の支払能力をはなれたものにならざるを得ない）。その時、心に一つひっかかるのは、島田の決定する金額が、国民の血税から、支払われることになるであろうと言うことであろう。――それを私企業の責任者が決めうる権限ありやに、逡巡を感ずる。残った生産設備、労働者は……機能的な運用を要する。患者団体、あるいは支援団体の運営、あるいは他の企業者の受託運営、半官半民運営が考えられる〉。

また、島田は〈私企業のよくする範囲を超えた〉という言い方もしている。チッソの経営状態の悪化を指す。

七七年九月期には七八億円の資本金に対し、累積赤字が三一二億円を超過。同年一〇月、チッソは熊本県に補償金の一時肩代わりと長期延べ払いを要望。同一一月、チッソは政府に「補償金原資に充当するため、政府による長期かつ低利の財政援助措置を賜りたい」という文書を提出した。地元水俣からもチッソ存続を求める声が高まった。当時の市民三万七〇〇〇人のうち半数以上がチッソ関係の仕事についていたのである。

チッソを存続させ、ＰＰＰ（汚染者負担の原則）は曲げない。国は①チッソ県債②国の審査会③環境庁事務次官通達――の三点セットで難問の解決を目指した。熊本県が発行し調達した資金をチッソに貸し付け、患者補償に充てる。県債を県に引き受けさせる見返りとして国は認定業務の一部を肩代わりする。「水俣病である蓋然性が相当高い場合に認定」という次官通達を出す。「いまのような認定－補償制度では、いくらカネがあっても足りない」。政府、自民党関係者から繰り返しそんな声が出た。〈チッソ救済策作りと並行して、認定促進策が環境庁を中心に練られ、チッソ問題と認定問題の「同時決着」が一時、いわれた。チッソ救済に認定問題がへばりついた〉（『朝日新聞』七八年六月一七日）のである。県債発行でチッソをまず救済し、新規患者の数を極力減らすことで県債発行額を抑えようというのだ。政府がチッソを支援するには、補償金支払いの歯止めが必要だったのである。チッソ県債は二〇〇〇年六月まで続き、発行額は合計約二二六〇億円になった。

一九七三年四月、島田賢一社長は入院し、入江寛二専務らは相談して、島田と患者が接触できないようにした。患者に妥協する島田には〈どことなく弱いところがあった〉のである。〈島田さんに外に出られては、問題が生じるばかりですし、社長だから影響もあるので、この際長期の病気ということにしよう〉という結論になった（『水俣病の民衆史』第四巻所収、入江寛二「真実の記録」）。病気を口実にチッソは〝良心〟を封じ込めたのである。

杉本栄子

ふるえや歩行困難に悩まされていた石牟礼道子は二〇〇三年、パーキンソン病と診断された。私（筆者）は二〇一三年頃から、道子の仕事場兼住居を週に一回のペースで訪問していた。道子の評伝を書くためである。私の妻（一九六三年生まれ）も多系統萎縮症という神経難病を患っており、病状が似ていたこともあって、自然に私は道子の介護もするようになった。

ある日、介護と取材が一段落し、私は道子に妻の病気のことを告げた。道子の表情が一変した。それからは、会うたびに、妻への伝言をもらうことになった。同じ熊本出身の妻は喜んだ。「お大事になさいませ」などの平凡な言葉だったが、それで十分だ。煮しめや菓子類などのおみやげを道子からいっぱいもらった。

二〇一二年晩秋、私は「治らない病気」にいかに向き合えばいいか聞いた。道子は次のように語った。「私が体験している病気はたいそうつらいのです。毎日毎日厳しい状態が続きます。しかし（健康な）他の人には感じとれないことを、感じます、考えます。いわば人間としての資格を得ている。病気は神様からのいただきものと思うことがあるのです。尊いものをいただいている。だからこそ、生きている時間をおろそかにしてはいけない」

この言葉を思い出すと、いつも杉本栄子が頭に浮かぶ。道子と親しかった水俣病患者の栄子は「水俣病になってよかったこともある。おかげで人に逢うた……。そげん思うたら、この茂道も人間も好きになった」と言う。栄子にとって水俣病は「のさり」なのだ。天のたまものという意味。いいことがあると熊本では「きょうはのさったなあ」などと言う。

道子は栄子の父・進とも親しかったのである。猫おどり病の話を聞いた道子は患者多発地帯の茂道に行った。最初に話を聞いたのが網元の進である。「杉本家が裁判を起こしたおかげで茂道の魚が売れんごつなった」と地域は栄子の家を迫害した。殺意に近い憎悪が押し寄せる。進は栄子に「怨み返すなぞ、のさりち思えぞ」と言った。「人ば変えようち思わん方がよか。自分がまず変わらんば」とも。「後ろずさりしてゆく背後を絶たれた者の絶対境で吐かれたどんでん返しの大逆説」（道子）なのだ。

〈「このきつか躰で、人を恨めばさらにきつか。恨んで恨んで恨み死にするより、許そうち思う。チッソも許す。あそこにも、生きて考えとる人間のおる。水俣病はなぁ、守護神じゃもん……」〉（石牟礼道子「私は魚——生きろうごたる」）と栄子は言うのだ。

〈栄子さんに「許す」といわれたからといって、チッソが許されるはずはない。「許す」と言ったその時から栄子さんはチッソだけでなく人間の罪を全部、わが身に引き受けられたのではないか〉（同）。

進の死後、女網元として名をはせた栄子だが、海はパートナーであると同時に、知らず知らず引っ張り込まれる魔性の存在でもあった。色川大吉を団長とする第一期不知火海総合学術調査団（七六〜八〇年）の事務局として来水した羽賀しげ子は、栄子の談話を記録している。海の愉楽と魔力を語ったものだ。

〈鰯が見ゆってでしょ、で、で、そっば見るなって、夢は見るなって。陸《おか》ん方ば見ていっちょけ、陸では女《おなご》やっで生きられるて。その女とですね、海ば見っときの私はちがう。女じゃなか。血が燃ゆっとです〉（羽賀しげ子『不知火記 海辺の聞き書』）。

同書には栄子と道子の対話も記録されている。テーマは水俣方言の「ちゅうすたい」。栄子の夫雄によると、〈口論でやりあうでしょう。自分が負けそうになったときに、自分は負けても大らかに生きてる、堂々と生きてる、そういうことは問題にしない、ちゅうような表現〉という。微妙なニュアンスをめぐっての応酬が愉快だ。

道子「『ちゅうす』って私達も言いよったですよ、おどかこつ」

栄子「なあ。おどかこついうとき最後の言葉」
道子「そすと相手はちょっと返答のでけんですもんね、『ちゅうすたい』って言わるれば」
栄子「返答のでけんうちに逃げっくっとですたい、勝とうち思えば」
道子「何か、パッと、こう自分ば消す薬か何か、パッち投げるようなかんじですもんね。相手は魔術にひっかかって、ちょっと困るんですね、早よ言った方が勝ち」
（中略）
調査団「それは水俣弁ですか」
栄子「水俣のことは知らんと、茂道弁です」
道子「いやいや、栄《さかえ》町の方も、とんとん（村）の方もあっとですよ」
栄子「そんセリフば使いそこなえば大変ですよ、それこそもう」
道子「間合いのとり方まちがえればなあ」
栄子「なあ」
苦海浄土三部作を書き終えた。続編を書きたい。「怨」のあとをどうするか。栄子の「許す」はぜひとも展開したいテーマだった。根っこが自分と同じである栄子の言葉を、苦海浄土第四部はこれだと言わんばかりの熱意で道子は書き留めていったのである。

石牟礼道子の涙

川本輝夫の自主交渉闘争が本格化した七二年一月、『告発』第三二号は、支援者の学生らによる小さな動きを伝えている。

〈東京本社での毎日の動きを、告発の仲間、市民に知らせようと、東京大・駒場のK君らは一月十二日、『日刊・恥ッ素』と銘うった〝新聞〟を創刊した〉というのである。ガリ版刷り。交渉の動向を逐一知らせるとともに、川柳や狂歌を掲載。加害企業への皮肉を盛り込みつつ、やわらかく状況を伝えよう、というのだ。

《告発狂歌》〝朝ぼらけ　五井の煤煙絶え絶えに　あらはれわたるチッソ労組（一月七日暴行の際）〟〝めぐりあひて　自主交渉もやらぬまに　雲がくれにし社長重役〟〝我が庵は　都の中枢チッソ棲む　よを告発と人はいふなり〟／《告発川柳》〝われと来て　あそべや　客のないチッソ（オリの前にて）〟〉。

二〇一五年、パーキンソン病と闘う石牟礼道子の介護チームに告発する会の元事務局長、阿南満昭が加わった。週に一回、石牟礼の秘書的仕事や介護をする。渡辺京二が旧知の阿南に声をかけたのだ。阿南は福元満治の熊大の同級生。七〇年夏から告発の手伝いをするようになり、大学卒業後は会の専従になった。『告発』の終刊を見届け、後継誌『水俣』の初期の頃まで渡辺、石牟礼とかかわった。

阿南と知り合ったばかりの頃、私は『告発』のことをしきりに聞いた。二〇一五年四月七日、車で二人っきりになったとき、私は、「闘争において渡辺、石牟礼の存在は大きかったですか?」と聞いてみた。打てば響くように阿南は言う。

「そりゃもう、渡辺さん、石牟礼さんで成り立っているようなものだった。なんていうか、動力源ですよ。本田先生やその他の人たちがいても、その人たちが動力源という感じじゃない。患者のエトス（本質）とかパトス（感情）をわれわれに分かるような形にするのは石牟礼さんと渡辺さんを通してでしかなかった。あの人たちがいなければありえなかった、という感じね。あのふたりがいなくても状況的に水俣病闘争が生じていたという感じは全然ないですね。あのふたりがいなければそもそもなかった」

米本「告発の人たちはふたりの関係をどう思っていたのですか？」

阿南「恋愛関係とか、ありえんとか、いろんな見方があった。愛し合っているとか、不倫だとか、そういう話とはちょっと違うものね。もう、離れられんごとなっているんだよね。本人たちもどうしようもないんじゃないか。きらいになるとか好きになるとかそういうレベルじゃない。どっちが欠けても片方は成り立たない。石牟礼さんは、渡辺さんがいなかったら、ああいう大きな作家になっていないでしょう。石牟礼さんがいなかったら、渡辺さんの著作もなかったと思う」

二〇一七年一〇月一一日夕方、私は入院中の石牟礼道子を訪ねた。いつもの介護兼取材である。道子は眠っている。発作のあとらしい。湯のみを洗っていると、洗濯物を抱えた阿南が入ってきた。「おっ、一緒になったね」。私はかねてから興味があった『日刊・恥ッ素』のことを聞いてみた。

阿南「五井事件が起き、抗議の集会をしなければならない。その人集めの手段として始まったんですよ。東京・告発のリーダー格の人が書いて、ガリを切って」

米本「五井事件がきっかけだったのですね」

阿南「最初のうちは東プロで刷っていた。東プロに情報が集まります。原稿つくって、テントの学生に頼むこともあった。謄写版があればどこでも刷れますからね。テントで刷れば、そのまま配りに出る。街頭宣伝です。随時のビラです」
米本「座り込みの間は患者さんとずっと一緒ですか？」
阿南「私はずっと東プロにいた。事務連絡係だね。電話番だけならそのへんの若い学生でいいが、全般的に知っている者がひとりいないといけない」
米本「肩書はずっと事務局長？」
阿南「みんなで集まって決めたわけでもなんでもない。必要に応じて必要なところで必要なことをやる。それが告発する会の原則。役職を決めて恒久的にやるわけではないのですよ。パクられてもいいやつ、パクられるのはいやなやつ、それぞれ自分のできることをやってくれたらいい。なんでもいいから手伝ってくれないかというやり方。そういうやり方をはっきり打ち出している組織とか運動体はほかになかったからね」
米本「状況への異議申し立てという感じはあったのでしょうか」
阿南「悲惨な状況で放っておかれている患者に対し、なんにもしきらんだったら状況もへったくれもない。偉そうなことをいうのなら、この人たちをまず助けてから言えという感じだった。第一次訴訟派の患者さんの家にボランティアでよく行きました。坂本しのぶちゃんの家だけがまあまあ普通の家。他の人たちの家は、畳がケバ立ち、ふとんもボロボロ。子供たちは服を着ていない。貧乏のどん底たい。寝たきりの人もいた。いまどきこんな世界があるのかという感じがした」
米本「松浦豊敏さんが『告発』の総括で、「結局はカネの問題で終わってしまった」と苦渋を込めて書いています」
阿南「ぼくらは〟いけいけどんどん〟でやった。家族ができる前ですから、破滅してもいいやみたいな感じで。どこまで行くのか分からなかった。直接的には水俣病は自分の問題じゃないからね。東京・告発の連中は〟こんな闘争の終わり方はおかしい〟というが、被害者本人が望んだのだから仕方がない。じいちゃんばあちゃん抱えて補償金をもらいたい人はどこかで落ち着かんとね。永久にやっとるわけにはいかんからね」
米本「阿南さんにとっての告発は？」
阿南「私にとっての告発は（代表の）本田啓吉先生のお葬式で終わりました。渡辺さんはもっと前に〟自分にとっての告発は終わった〟と書いています」
「きょうの水俣病闘争の話は、メモにして残してください」
突然、石牟礼道子の声がした。咄嗟に私は「分かりました」と答えた。目を覚ましたのだ。いや、目を閉じて聞いていたのだろう。「便所紙に使おうと思っても、硬くて使えないって患者さんに冷やかされよった」と道子は言う。『日刊・恥ッ素』のことである。『天の魚』に〈わが底辺社会では文字そのものは必要でなくとも、文字の刷りこんである不用の紙、すなわち新聞、雑誌、広告紙、包装紙、子どもの試験用紙のたぐいは、便所用の必需品であり、『日刊恥ッ素』は紙質の粗悪さと、面積を節約してあるため、用をなさない、というのであった〉とある。
阿南はタオルをたたんでいる。私はお茶をいれた。道子が「さっき、東京から、だれか来てました」と言う。阿南も私も心当たりがない。洗濯で阿南が不在のときに来たのか。
阿南「そげんすぐ帰るかな」

米本「私たちが話をしていて、イメージをご覧になったのでは」
阿南「そうそう」
道子「……島田社長がおいでになりました」
米本「チッソの、社長さんですか」
阿南「東京本社の話をしたから、思い出したのかな」
道子「……病気になって、よかったと思っていた」
阿南も私も絶句する。何を言おうとするのだろう。
阿南「パーキンソン病に？」
道子「……はい」
阿南「なってよかった……。どうしてですか」
道子「……あまり、きつかけん」
阿南「きつかけん？　なってよかったとは、どういうこと？」
道子「……病気になったから、これでもう、すっかり忘れていいのだ、と思っていました」
阿南「闘争のこととか。自分のはたらいた悪事ですか」
道子「まさに悪事です」
米本「悪事というのは、水俣病闘争のことですか？」
阿南「病気になっても、まだ、水俣病闘争を思い出すということですか。石牟礼さんに島田社長がまだついて来よっとですたい。水俣病闘争が石牟礼さんを追っかけよるのかな」
「ガーガー」と道子のいびき。発作到来である。呼吸困難でからだが硬直してしまう。発作に効くクスリをのみますかと耳元で尋ねるが、先ほどのんだばかりだという。落ちつくのを待つ。道子は枕元のティッシュで涙をぬぐう。
米本「昔のことは病気で忘れられると思ったのですか？　しかし、忘れられなかった？　そういうことですか？」
阿南「おっしゃっているのは、そういうことだ」
米本「闘争は悪事なんですか？」
阿南「悪事をはたらいた。水俣で。水俣にはチッソで働いている人間がいっぱいおるわけだ。チッソが経営難になり、みんなクビになるかと心配した。石牟礼さんがおらんやったら、ああいう騒ぎになっとらんやった。あのオナゴさえおらなければ、うちの会社が左前になることはなかったのに、と多くの市民が思うわけだ。そうでしょう？」
道子、うなずく。
阿南「ほら、だから悪事なわけだ」
米本「それは、切ないな」
阿南「切ないが、それが田舎の町ちゅうものなのよ」
米本「患者さんを救っているのに」
阿南「水俣では患者と市民は対立関係にある。患者側につくと、市民を敵に回す。単純な構図でしょう？」
米本「うーん……。仕方がないのか」
阿南「そう、仕方がない。しかし、いつもそれが石牟礼さんのアタマの中にある。水俣の地域の中では、患者さんの支援に回ると、いいことをしているという意識より、極悪人だという意識の方が強いわけです。患者さんのためと言っても、闘争の張本人だったご本人にとっては、全然、なぐさめにならない」

道子「……これをひっぱがしてください」

ベッド上の図面を指す。寝かせるときの看護師の留意点を記す。

阿南「気を回さんでよかですよ。ゆたっと横になっときなったらよかですよ」

道子「それができれば、病気にならん」

阿南「ハハハ。それなら回しとって下さい」

原田正純

原田正純は二〇一二年六月一一日に亡くなる直前、石牟礼道子に「水俣病は病気じゃなかですもんね。あれは殺人だとぼくは思います。石牟礼さんはそうお思いになりませんか」と尋ね、道子は「もちろんですとも」と答えている（米本浩二『評伝 石牟礼道子』）。

五九年一二月の見舞金契約に「本契約締結日以降において発生した患者（協議会の認定した者）」とあり、ここで初めて「認定患者」という概念があらわれる。〈医学的な立場〉（原田正純『慢性水俣病・何が病像論なのか』）が放棄され、〈補償の対象を選別する作業〉（同）が始まる。

〈素人の批判や患者の要求を拒絶して、都合のいいときは医学的、専門的という権威をふりかざし、素人の疑問や批判を封じ、都合が悪くなると行政の問題だとその二面性をうまく使い分けてきた〉（同）。

六九年一二月、「公害に係る健康被害の救済に関する特別措置法」公布。救済法の施行に伴い新たに発足した認定審査会はハンター＝ラッセル症候群（四肢のしびれ感と痛み、言語障害、運動失調、難聴、求心性視野狭窄など）のそろった患者だけを水俣病とする従来の認定基準を固守した。

国は七一年八月の環境庁事務次官通達で「ひとつの症状でも、水俣病を否定できない場合は認定」と、新たな水俣病の認定基準を明らかにした。患者を広く救いあげるというのである。これが「疑わしきは認定」とセンセーショナルに報道され、一部の患者が「ニセ患者」と悪罵を受ける理由のひとつとなった。

この後、有明海などに「水俣病の疑いがある」という第三水俣病事件が起こる。七三年一〇月、「公害健康被害の補償等に関する法律（公健法）」公布。新たな認定審査会を設けた。環境庁は七五年に認定検討会を設置し、七一年次官通達の再検討を行い、七七年の環境保健部長通知で「感覚障害を中心にいくつかの症状がなければ水俣病と認めない」という認定基準を示した。ハードルは再び上がったのだ。

チッソ救済と認定問題がセットになった七八年、新次官通達で「水俣病である蓋然性が相当高い場合に認定する。処分保留者については、新しい資料を得られる見込みがない場合は認定しない」と追い討ちをかけた。認定要件が狭められ、棄却が急増した。

環境庁は第三水俣病を「シロ」と判定したが、熊本県を中心に深刻な風評被害が広がった。県知事は七三年五月、水俣湾の漁獲禁止を指示。県は七四年一月、水銀に汚染された魚を水俣湾に封じ込める「仕切り網」を二三五〇メートルの長さで設置した。七七年には水銀ヘドロ処理などで約三六六〇メートルまで延びた。仕切り網は汚染された海の象徴として存在し続け、九七年一〇月、撤去された。

水俣市漁協は七三年七月、チッソに一三億六〇〇〇万円を要求。市長らが斡旋に入り、四億円で妥結した。不知火海沿岸三〇漁協は同年七月、一四八億五〇〇〇万円を要求。県知事の斡旋により同年一一月、二二億八〇〇〇万円で妥結した。

行政の患者絞り込みの姿勢を司法は糾弾した。八五年の水俣病第二次訴訟控訴審判決は「水俣病患者を網羅的に認定するための要件としてはいささか厳格に失する」と七七年の判断基準を批判した。八六年の棄却取消訴訟の熊本地裁判決は「狭隘《きょうあい》な認定基準に固執した」と認定審査会を直接批判した。

原田は〈各判決は四肢の感覚障害だけで水俣病とすることにはなお慎重な姿勢を示している。それは、それでも水俣病の範囲を広くとらえることができることを示しており、感覚障害だけにこだわらなくとも運用によっては広く救済すべきということを示している〉（『慢性水俣病・何が病像論なのか』）という。

政府は九五年、水俣病の政治決着をはかった。未認定患者に一時金二六〇万円、五つの被害者団体に六〇〇〇万円～三八億円の団体加算金が支払われた。

政府解決策を唯一拒否したのが水俣病関西訴訟グループである。八二年に始めた訴訟を継続。国、県の行政責任を認めた二〇〇四年の最高裁判決まで二二年かかった。最高裁で支持された大阪高裁判決を言い渡した岡部崇明裁判長は一四年の熊本日日新聞のインタビューで認定基準のあり方に疑問を呈している。

〈水俣病の認定基準が出た七七年からこれだけの時間がたっているのに、同じ基準を使っている。

最新の知見を取り入れるべきだ。水俣病の症状は多様で、認定基準だけが物差しではない〉（高峰武『水俣病を知っていますか』）。

原田は〈水俣病研究の成果を大切にし、水俣病のあやまちを、行政も企業も医学も繰返してはならない。とくに、医学において、既成の狭い固定的概念で、目の前にある貴重な事実を切りすてるようなことがあってはならない〉（『水俣病』）と強調する。行政や医学は〈既成の狭い固定的概念〉にいつまで固執するのか。

熊本大医学部の歴代の医師の中で原田は臨床的研究を捨てなかった点で異彩を放つ。青年期から原田の診察ぶりを〝保健婦〟と間違われながら間近で見てきた石牟礼道子は「水俣病の子供たちは青年医師原田さんの白衣にすがりついて甘えとらした」と回想する。「最近の医者は手も握ってやんなはらんでしょう」と道子は私に言う。「原田さんの場合は手を握るし、なでてあげる。いろいろ言葉をかけてあげる。話しかけられるとうれしいものです。とくに水俣病は治らない病気なので、親身に接してもらうと魂がなぐさめられる気がするのです。医学的にというより、全人格で患者さんに接するお医者さんでしたね」

二〇〇九年には「水俣病被害者の救済及び水俣病問題の解決に関する特別措置法（水俣病特措法）」が施行された。原田は「あれ（水俣病特措法）は患者を救うのじゃなくて、切り捨てるのが目的ですもんね。今からどれだけ患者が出てくるかわからんですよ」と道子に話している。三万二〇〇〇人余りが一時金二一〇万円などの支給を受けた。同法では患者救済とチッソ分社化がセットになっていた。分社化は「水俣病の桎梏《しっこく》」からの解放を目指すチッソの念願だった。

患者補償などを行う親会社と事業を営む子会社に分離、子会社株の売却益を補償などに充てる仕組みである。チッソは二〇一一年に事業部門を分社化しＪＮＣ（ジャパン・ニュー・チッソ）と社名を変更した。八〇年代に商品化された液晶や高純度シリコンが主力商品である。

一三年の認定訴訟最高裁判決は、複数症状を要件とする国の認定基準に対し、手足の感覚障害だけでも認定できると判断。水俣病行政の見直しを迫った。

二〇二一年八月末現在、認定患者は二二八三人（死亡一九八八人）。約一四〇〇人が認定申請中。約一七〇〇人による損害賠償訴訟なども各地で継続中だ。

原田正純は実績を重ねても熊本大では「助教授」のままだった。宇井純が東大で「万年助手」だったのと同じである。原田は九九年、熊本大医学部助教授から熊本学園大教授に転身。二〇〇二年に「水俣学」を開講した。原田は水俣学という言葉に〈水俣病事件史という「鏡」に私たちの生きざまや社会のありようを映し出す作業〉（高峰武編『水俣病小史』）という意味を込めた。

無要求の闘い

〈はんけつでて　かねはいる。なにもかわらん。いっしょうしぬまで　こんびょうき　なおらん。わかってくれ、これがほんとの　くるしみの水銀じゃ。くるしみなおわらんち　おもうよ。みなまたびょうだ、みなまたびょうぞ〉。

『告発』第四六号（一九七三年三月）。判決後の患者の声の特集である。引用した文章には「三月〈若い患者の集り〉９名の名において」の署名がある。二〇歳前後の患者の苦悩が初めて公になった。生まれつき、あるいは幼い頃から水俣病なのである。突然病苦を受けた親の世代とは異なる絶望があった。

「9名の名において」とあるが、実際には患者の江郷下美一《みかず》（一九四七〜九六年）が七三年二月頃に口述したのを支援者の吉田司（一九四五年生まれ）がメモした。忍耐し沈黙していた美一の心のダムが決壊した。口述は三時間にも及んだ。翌朝、吉田はビラにするために患者を支援してくれているチッソ第一組合の印刷所へ急いだ（吉田司『下下戦記』）。

吉田は山形県生まれ。三里塚闘争を映像化する小川紳介の仕事に加わったあと、七〇年に水俣に来た。三里塚から水俣に来た支援者はほかにもいる。闘争の理念に類似点があるのか、「熱」が橋渡ししたのか。六八年前後、ベトナム反戦運動、大学紛争など、戦後日本の政治的・経済的枠組みを問う熱い運動が全国を席捲していた。

吉田は七〇年、湯堂の空き家に「若衆宿」を開設した。孤絶を余儀なくされていた一〇代、二〇代の胎児性・小児性患者が生きる意味を求めて集まった。美一もそのひとりである。吉田は患者と八年間、寝食を共にする。

妹、兄、母も奇病となり、地域から差別を受けた美一は〈岩世界〉の住人になる。〈毎日俺家《おるげ》ン下の太か岩の上坐って海ばっか眺めくらしよった〉（同）。加害企業から補償金を得ても、人間らしい暮らしをしたいという願いは果たされない。〈夜の来っとがイヤ、昼の来っとがイヤ、明日の来っとがまたイヤち泣いとる若い衆のどしこおるか会社は知っとるかあ〉（同）。豚を飼育する仕事に挑むが、挫折。

美一がチッソ社長と相対したのは七三年三月二九日である。判決後の東京交渉八日目。美一は〈「おれは学校もいっとらんし、字もかけない。ドギャンスットカ」〉と言う。美一の後ろにいた日吉フミコが〈「ちょうど一年生に上るときに病気になったけん、学校には行っとらんとよ」〉と補足する。美一は〈「行っとらんもん、このびょうきは……」「シャチョウ、コタエロ、しのぶちゃんとかタカエちゃんとか、オレとか」〉〈「面倒みるとかみんとか、そのふたつの返事ばしてくれんかな」〉と坂本タカエが言う。タカエは一七歳で発病。結婚の約束をした男性に約束を反故にされ、その男性との間に生まれた一女と住む。美一は〈「さっきも言ったとおりね、おれは二五になるばってん、よめさんももらわん……なにもしごとはできない……よめごもらっておれ生活せんばならんとぞ、おどま……そればどうにかしてくれろ……こたえて、立っててきつか……たのむとぞ」〉と言う（土本典昭『映画は生きものの仕事である』）。

七五年、若衆宿の若者らはチッソに「若い患者を雇用せよ」と要求するが、チッソは「かんべんいただきたい」と繰り返すばかりだった。美一は〈一日《いちんち》〳〵考えとっとやがね、会社から命とられて命買われてしもて生きているわけやが。一日中なんもすることなくて、ブラブラ遊《あ》そどってさ、パチンコしても、屋台さ飲み行ってもなにひとつおもしろうないわけじゃが、馬鹿んごたる風しておっとやが。部落にも町にも居りきらん、家にも居りきらん。耐えられんわけやろが〉と言うのである（『下下戦記』）。

美一がたどりついたのは「座り込み」という選択肢である。〈俺ァ、何も、ひとつも要求はせん。たぁだあっこ（水俣工場）の正面坐り込んで、俺、どうしてこげん苦しみになったかね、会社にも町の人にも聞いてみたかっじゃ。水俣はぁ、これからどうなるの?〉（同）。無要求の闘いである。

しかし、年長の患者からストップがかかる。〈大人の患者の援助もなしに若《わっ》か者《もん》が二、三人坐り込んだって、どれだけチッソに圧力ばかけらるるち思うかな。（中略）会社も坐り込みば口実にして倒産するっち噂もあったっで、もしそげんなれば、今申請しとる三千も四千もの患者がどげんなっとかな?〉(同)。

古くからの支援者も難色を示す。日吉フミコは〈私らは、はっきり言って今まで若い患者の問題を放置してきた。誠にすまないと思う。水俣病センターがそうした若い人の声を反映させるはずであったのが、現状は他の支援者が月給をもらって飯を食う場に変わってしまった。こと志と違ってしまった。若い人の気持を聞けば胸がひき裂かれるほどに痛いが、私はこの坐り込みは支持できません〉(同)。砂田明も〈なんにもないのか、ほんとに坐り込みしかないのか〉(同)と再考を促すのだ。

美一はカネミ油症患者でカネミ倉庫前に座り込みを続けた紙野柳蔵(一九一二〜二〇〇一年)と親交があった。紙野は〈闘うとは苦しみじゃけど、苦しむものの声は耐えきらんはずだよ、むこうは。われわれが坐り込んでいる限り、むこうは苦しみから逃れられない。闘うとはこれだよ。いっちばん下から世の中、見ることじゃけん、すべての偽善を許さんことじゃけん〉(同)と美一を励ます。

大人の患者や支援者からの理解が得られない孤独な闘い。美一が願った座り込みは実現することはなかった。ならば、美一は敗れたのであろうか。そうではあるまい。紙野は美一に言う。〈虚しい事、寂しい事起こって来るよ、この地球の一点に坐り込んで抵抗しておるんだけんね。泣いていいよ、涙のない人生なんてないんだから……(中略)おまえが闘いにあげた声は、たったひとつ死なないんだよね、肉体は死んでも〉(同)。

差別糾弾闘争

江郷下美一と並ぶ『下下戦記』のもうひとりの主人公は、坂本輝喜（一九五四〜二〇一四年）である。輝喜は美一が〈岩世界〉の住人であることを知っていた。〈なんの事はなか。こっちの波止から、俺も毎日清市（注・美一）眺めて暮らしとったち事さい〉（同）。

輝喜は幼い頃から歩行・言語障害がある。未認定。二〇歳過ぎに四回認定申請したが棄却された。祖父、両親は認定患者。二〇〇〇年、母マスヲの病歴を〈熊大伝染病棟入院、藤崎台（伝染病棟所在時の地名）系水俣病ばい。藤崎台系というのは数が少なかっばい。俺たちは水俣病の名門ぞ〉（『水俣病の民衆史』第五巻）と述べている。奇病の母マスヲは感情が高ぶると、近所の家々を回って叫ぶことがあった。以下、輝喜の回想である。

〈人の家、夕食時じゃろうが、お客さんの居ろうが見さかいなしにあばれ込む。（中略）そって、もおー母ちゃんのおめく声がすりゃ部落中の家ちゅう家は戸ばピシャッち閉め切って開けんとやもな、しめ出されたわけたい部落から。で頭が割るるごてうづくとやろ。焼酎飲んでまぎらわすんだろうね、ありゃ。もう一人で四合も五合も、一升ビンわき置いて。暗あーい六畳間いっぺえヘド吐いて泣いとった母ちゃん……。ほしてブツブツ、ブツブツ一人言ゆうとれば、突然吠《ほ》ゆっとやもんな。ほして着物もなんもはだけたまんま裸足で夜道にとび出すんだ。髪ぁバッサバサに乱れて――鬼だよ、鬼！　あらもう人間じゃなかったもん。「母ちゃん、どごさ行ぐとかあー」「母ちゃん、もどれー！」「もどれー！」〉（砂田明編『季刊・不知火　いま水俣は』第六号）。

村の衆は母を「化物（ガーゴ）」扱いし、輝喜は自分のことを「化物の子（ガゴンコ）」と思うのだった。幼い頃、「ぼくは貧乏で着るものもありません。母ちゃんはガゴです」と言わされ、ようやく一日遊んでもらえた。

七五年九月一三日、輝喜が通う水俣高定時制の弁論大会があった。「金めあてで水俣病になろうとしている」と水俣病患者を非難した女子生徒の弁論が一位に選ばれた。その内容は以下のようなものだ。

〈今の水俣病と言うのは本当に水俣病なのかと思う人があまりにも多すぎる位いると思います。今は、年さえとれば水俣病になれるのではないかと思うことが多いように感じます。（中略）水俣病になりさえすれば、いくら働いても簡単に手に入らない位のお金をもらえるのだから、いっそのこと、水俣病になって楽にくらした方がいいのではないかと誰だって思うと思います〉（同、以下同じ）。

〈ついに出てきた、患者差別の発言が！　しかも校内の弁論大会という「公」の場で、自分ら患者家族・申請患者の立場が攻撃されている〉と弁論を聞いていた輝喜はパニックに陥った。仲間二人と、〈そげん話は聞きたくなかっぞォー！〉と抗議したが、生徒会や先生たちに外に出された。

後日、輝喜は仲間二人と学校に抗議した。応対した男性教頭（五八歳）は〈大体この論文、どこに非難があっですか？〉と聞いてくる。〈論文に書いてあるように、そらあ、かなりの金が入るでしょう。しかし、その金は一生、空《から》一生、水俣病のラク印負わされてゆくわけですからね〉と説明すると、教頭は〈戦中の悲惨さを考えると大したことはない〉と言う。

〈水俣病の患者は、その、ゴロゴロ死んでちゃいいちわけですか〉と問うと、〈そんなことたいしたことはないですな。戦争にくらべれば。どんどん死におっでしょが、悲惨さから言ったら戦争が一番ですな〉と教頭は主張する。〈戦争と公害をいっしょにさるっとですか、先生は〉と問うと、〈あんま、感じんですもんなあー。あたしも三十年も水俣におって〉と言うのだった。

抗議後、輝喜は教頭の言葉を反芻し、次のような思念に達する。〈俺達ァいっつもここで切られて来たんだなって。要するに水俣病だけが苦しいんじゃねえと。民衆なら誰でも苦しいんだと。苦しいのが娑婆なんだと。だから黙っとけと。騒ぎたてるなと。そこじゃチッソが加害者だとか、公害がなんじゃとか言って通る世界じゃねえんだな。みんなじっと耐えとるじゃねえかってわけよ〉。

輝喜は〈問題は民衆の内部のこと〉と気づく。〈貧しい者が追いつめられた時、何故いつも手を握り合わねえのか、何故助け合えねえのかってゆう、そのことなんだ。考えてもみろよ、俺達の奇病の傷が今になってもうづくのか、権力に殺られたからじゃねえ。部落の、最も親しかった人達によって切られた傷だからだ〉。

若衆宿の頃、輝喜が理解者の吉田に語った。母マスヲの狂乱人生のことだ。

「マスヲさんはね、あの頃、たった一人の反乱。つまり水俣奇病差別糾弾闘争を展開してたんだよね」。

はっとする視点である。マスヲは家々を訪ね回って、各家から自身に向けられた〝差別〟を糾弾していたのか。そうだとすると、その子の輝喜の闘いは、〈マスヲの血を継ぐ暗黒差別粉砕！の闘争だった〉（輝喜への吉田司「弔辞」）ということになる。輝喜の闘いは、〈水俣民衆闘争そのものの道義性を問う戦いの提起〉（同）だったのだ。

輝喜は支援者昭子と結婚し、四人の子ができた。二〇〇三年、昭子は〈私は、輝喜と結婚して後悔したことは一度もないんですよ。結婚するときに、ああこれで生きていけるなって思わせてくれたというのが一番大きいから〉と述べている（『水俣病の民衆史』第五巻）。

緒方正人

一九七三年の補償協定以後、交渉の相手はチッソから行政に代わり、患者の運動にはかつてのような〝人権回復の闘い〟といった側面がなくなった。被害の代償は金銭以外になく、認定されることが未認定患者の目的のすべてになり、水俣病問題の社会的関心は薄れていった。孤立が深まるなか、金銭をもらっても健康や生命は取り戻せないという現実が患者を苦しめた。

熊本県芦北町女島《めしま》の網元の家に生まれた**緒方正人**[25]は六歳のとき、父福松を水俣病で失った。緒方は一五～一七歳の放浪をへて、七四年、水俣病の認定申請。同年八月に発足した水俣病認定申請患者協議会（会長・岩本広喜、顧問・川本輝夫、約六五〇人）に入った。〈仇討ちをせんと、死んだ親父に申し訳がきかん〉（緒方正人『チッソは私であった』）という気持ちである。

七五年、申請協の副会長に就任。同年九月、熊本県議の「ニセ患者」発言に抗議して県議会へ。

---

25 **緒方正人**（おがた・まさと、一九五三年～）熊本県芦北町生まれ。漁師。壮健な網元だった父を水俣病で失う。一〇代の放浪後、不知火海で漁業に従事。水俣病未認定患者の救済運動に身を投じたが、訴訟から離脱。自らの申請も取り下げた。著書に『チッソは私であった』など。『「近代化」とか「豊かさ」を求めたこの社会は、私たち自身ではなかったのか」と問いかける。石牟礼道子らと「本願の会」を発足させ、病とともに生きる思想を模索する。

一〇月、抗議行動で逮捕される。「寒くはなかですか」。公判手続きで熊本地裁に入る緒方に石牟礼道子が声をかけた。初めての対面である。緒方はのちに有罪判決を受けた。八一年、申請協の会長に就任。当時二八歳。川本輝夫とは二二歳も年が離れている。

若いリーダーとして期待されたが、八五年九月、申請協の会長を辞めた。〈認定されて補償金を受けとれば受けとるほど、逆に患者たちも世間も水俣病について語らなくなり、問題がかえって見えなくなっていくということが、だんだんわかってきた。（中略）水俣病が金銭的な意味しかもたなくなってきてしまったのではないか、という疑問が俺の中で大きくなっていたんです〉（語り・緒方正人、編著・辻信一『常世の舟を漕ぎて』）。

緒方は川本輝夫と会った。〝師匠離れ〟の挨拶である。川本は視線を合わせてくれない。緒方は〈「川本さん、あの世にゃ神も仏もおらんばい。生きてこの世におっとじゃなかろうか」〉と言った。〈生きて再び出会いたい〉との思いを込めたのだが、川本は何のことか分からんという顔をしていた（同）。

川本はのちに「わしゃ、緒方正人は脱落っち思うとる。申請協の一番苦しか時に放り出しといて、それが脱落でなくて何かな」と記録映画作家の土本典昭に語っている。土本が「脱落とは全く異なる精神性からの叫びではないか」と問うと、川本は「裏切りじゃなかか。このどこが精神性のなんのと言えるか」と取りつく島もなかった（『水俣病誌』所収、土本典昭「映画で出会った川本輝夫との三十年」）。

緒方はその後三カ月間、自ら〝狂い〟と呼ぶ精神の惑乱状態に突入。テレビを壊す。海に向かってひれ伏す。〈これまで自分がもっていたものががらがらと崩れていき、自分が分からなくなっていたようです〉(『チッソは私であった』)。〝狂い〟が明けた一二月二七日、水俣病の認定申請を取り下げた。

〝狂い〟をへて思念が形になってきた。キーワードは「システム社会」である。〈「システム社会」というのは、法律であり制度でもありますけれども、それ以上に、時代の価値観が構造的に組み込まれている、そういう世の中です。それは非常に怖い世界として見えました〉(同)。

たどりついた言葉は〈チッソというのは、もう一人の自分ではなかったか〉というものだった。〈水俣病事件に限定すればチッソという会社に責任がありますけれども、時代の中ではすでに私たちも「もう一人のチッソ」なのです。「近代化」とか「豊かさ」を求めたこの社会は、私たち自身ではなかったのか〉(同)。

緒方の代表的著作『チッソは私であった』(二〇〇一年、葦書房から刊行。二〇年に河出文庫)は渡辺京二が匿名で編集したものだ。孤軍奮闘する緒方は、「もうひとつのこの世」を求めた水俣病闘争の自主交渉の理念を引き継ぐ者に見えた。「カネはいらん。魂の対話をしよう」という緒方に「民衆自身による闘争」の実践を見た。

水俣湾の埋立地に野仏に座ってもらい、野仏を仲立ちに魂と魂の出会いを求めるという願いを込めた「本願の書」を緒方らは九四年に発表。九五年、「本願の会」が発足した。石牟礼道子や杉本栄子も加わった。

川本輝夫は、認定の遅れを問う不作為違法確認訴訟(熊本地裁で七六年に勝訴)、認定処分の遅れで申請者が受けた精神的苦痛に対する慰謝料を求める「待たせ賃」訴訟(一、二審勝訴、最高裁が差し戻し、九六年に高裁で敗訴)などで存在感を示す一方、かつて闘争を切り開いた「直接交渉」

が色あせつつあるのを感じていた。「目に見える敵と戦いたい」という思いで国家賠償訴訟も模索したが、水俣病被害者・弁護団全国連絡会議が先んじて、水俣病第三次訴訟（八〇年）を含む国賠訴訟を全国で起こした。

土本によると、川本は九五年頃、「水俣病運動に哲学がほしい」と口にするようになった。「敵も見えん、患者も見えん。かつてのように水俣病が可視的に見える時代ではなくなった」とも言う。土本は「水俣病の起きた原因は何だと思いますか」と問うた。川本は「人間の奢りじゃろうと思う。じゃなからんば海は汚さん筈じゃ。海だけじゃなか、奢りが諸悪の根源かも知れん」と言うのだった。

〈〝チッソのせい〟でも〝体制のせい〟でもない。〝人間の奢り〟という。水俣病の起きた遠因は〝奢り〟に発しているという言葉は彼から初めて聞いた。それでは緒方正人さんがかねていう「水俣病は人間の原罪のしからしむるものだった」という想念と紙一重ではないか〉（「映画で出会った川本輝夫との三十年」）。

緒方正人と川本輝夫。〈生きて再び出会いたい〉という緒方の願いは果たされたのか。立場や状況の違いから、別の道を歩まざるを得なかったふたりだが、艱難辛苦たどりついた場所は案外近かったのかもしれない。

おわりに

水滸伝的な闘争の本質に肉薄したい。そう願って書いていった。水俣病闘争は大河に似ている。同時代的な出来事を、横並びにそのまま書いたのでは全体がベタっと平面的な印象になる。通史にはメリハリが必要である。そこで「サイクレーター」「見舞金契約」「一株運動」などテーマ別に分けて書いた。分かりやすさを旨としたのだ。

本書を書いた動機は、「はじめに」に書いたように、私自身が通史を必要としたからだ。水俣病闘争を含む水俣病事件が風化しつつあるという危機感もあった。水俣病に関心のある人でも曖昧にしか水俣病を知らないことがある。とくに闘争史は言及されることが少ない。歴史を知らないで何を理解しようというのか。患者の置かれた立場、歩んだ道を知らないと、水俣病の語り部だった杉本栄子の「チッソを許す」という言葉は分からない。

もうひとつ、本書を書いた理由としては、闘争の本質が必ずしも伝わっていない事情があった。例えば、熊本の某大学で水俣病を講じる教授が私に「渡辺京二は水俣病闘争にあまり関与していない」と言ったことがある。〝水俣のジャンヌ・ダルク〟として時代の寵児となった石牟礼道子に比べ、理論的リーダーでありながら渡辺は裏方に徹しており、患者にも渡辺の印象は薄い。そのため「関与していない」という誤解が生まれる。長年溜まった垢のような思い込みを排して、渡辺京二の営為は実証的かつ客観的に書き留めておかねばならない。石牟礼道子と渡辺京二がいなければ水俣病闘争はありえなかった。

「困難、また困難」の章で述べたように、水俣病闘争は本質的には平和運動である。道子が考案した黒の古代的な「怨」の吹き流しに畏怖を覚える人もいるかもしれないが、「怨」の文字には本来的には「心に憂えることがあって、祈るような心情」という意味があることも既に記した。水俣病闘争終結から来年（二〇二三年）で半世紀。「怨」の吹き流しは空から消え、「死民」のゼッケンをつけた若者もいなくなった。新型コロナウイルスが席捲する二〇二一年から二二年にかけて、ひとりで過ごす空間で私は道子の「怨」に包まれていたいと願ったのだ。

闘争には時間的・空間的な幅がある。有機的に自然増殖していったのだから、道子と京二の関与しない闘争があって当然である。結局は断念に追い込まれた「無要求の座り込み」という若い患者の闘い。差別された経験をもとに生きる道を探る暗黒差別糾弾の闘い。「チッソは私であった」という究極の認識へたどりついた緒方正人ひとりの闘い——など。それらは孤絶を突き詰めた文字通りの苦闘であったのだが、そのほとんどが道子と京二が求めた「もうひとつのこの世」を希求しているように見えるのは不思議である。

編集の労をとっていただいた岩本太一氏に厚くお礼を申し上げます。岩本氏は私よりもずっと若い世代だが、水俣病闘争を知悉しておられ、原稿の補足や書き直しを率直に求めてきた。そのひとつひとつに応えながら私は、オニ監督のもとで甲子園を目指す球児になったような気がしていた。人物が動く立体的な闘争史が書けているとしたら、岩本氏のおかげである。

二〇二三年三月

主要参考文献（順不同）

・石牟礼道子編『水俣病闘争　わが死民』（現代評論社、一九七二年）
・石牟礼道子『不知火海―水俣・終りなきたたかい―』（創樹社、一九七三年）
・石牟礼道子編『天の病む　実録水俣病闘争』（葦書房、一九七四年）
・石牟礼道子『苦海浄土　わが水俣病』（講談社文庫、二〇〇四年）
・石牟礼道子『池澤夏樹＝個人編集　世界文学全集Ⅲ－04　苦海浄土』（河出書房新社、二〇一一年）
・石牟礼道子『石牟礼道子全集　不知火　別巻（自伝）』（藤原書店、二〇一四年）
・石牟礼道子『苦海浄土　全三部』（二〇一六年、藤原書店）
・渡辺京二『維新の夢　渡辺京二コレクション１　史論』（ちくま学芸文庫、二〇一一年）
・渡辺京二『民衆という幻像　渡辺京二コレクション２　民衆論』（ちくま学芸文庫、二〇一一年）
・渡辺京二『無名の人生』（文春新書、二〇一四年）
・渡辺京二『死民と日常　私の水俣病闘争』（弦書房、二〇一七年）
・水俣病研究会『水俣病にたいする企業の責任　チッソの不法行為』（水俣病を告発する会、一九七〇年）
・『告発』縮刷版刊行委員会編『縮刷版　告発　創刊号―第二四号』（東京・水俣病を告発する会、一九七一年）
・『告発』縮刷版刊行委員会編『縮刷版　告発　第二五号―終刊号』（東京・水俣病を告発する会、一九七四年）
・水俣病研究会編『水俣病事件資料集　上巻』（葦書房、一九九六年）
・水俣病研究会編『水俣病事件資料集　下巻』（葦書房、一九九六年）
・宇井純『公害の政治学　水俣病を追って』（三省堂、一九六八年）
・富田八郎『水俣病　水俣病研究会資料』（水俣病を告発する会、一九六九年）
・川本輝夫『水俣病誌』（世織書房、二〇〇六年）
・色川大吉編『水俣の啓示　不知火海総合調査報告（上）』（筑摩書房、一九八三年）
・色川大吉編『水俣の啓示　不知火海総合調査報告（下）』（筑摩書房、一九八三年）

・水俣市史編さん委員会編『新水俣市史　上巻』（水俣市、一九九一年）
・水俣市史編さん委員会編『新水俣市史　下巻』（水俣市、一九九一年）
・有馬澄雄編『水俣病　二〇年の研究と今日の課題』（青林舎、一九七九年）
・鬼塚巌『おるが水俣』（現代書館、一九八六年）
・岡本達明、松崎次夫編『聞書水俣民衆史第一巻「明治の村」』（草風館、一九九〇年）
・岡本達明、松崎次夫編『聞書水俣民衆史第二巻「村に工場が来た」』（草風館、一九八九年）
・岡本達明、松崎次夫編『聞書水俣民衆史第三巻「村の崩壊」』（草風館、一九八九年）
・岡本達明、松崎次夫編『聞書水俣民衆史第四巻「合成化学工場と職工」』（草風館、一九九〇年）
・岡本達明、松崎次夫編『聞書水俣民衆史第五巻「植民地は天国だった」』（草風館、一九九〇年）
・岡本達明『水俣病の民衆史　第一巻　前の時代』（日本評論社、二〇一五年）
・岡本達明『水俣病の民衆史　第二巻　奇病時代』（日本評論社、二〇一五年）
・岡本達明『水俣病の民衆史　第三巻　闘争時代（上）』（日本評論社、二〇一五年）
・岡本達明『水俣病の民衆史　第四巻　闘争時代（下）』（日本評論社、二〇一五年）
・岡本達明『水俣病の民衆史　第五巻　補償金時代』（日本評論社、二〇一五年）
・岡本達明『水俣病の民衆史　第六巻　村の終わり』（日本評論社、二〇一五年）
・西村肇、岡本達明『水俣病の科学』（日本評論社、二〇〇一年、［増補版］二〇〇六年）
・原田正純『水俣病』（岩波新書、一九七二年）
・原田正純『水俣病は終っていない』（岩波新書、一九八五年）
・原田正純『慢性水俣病・何が病像論なのか』（実教出版、一九九四年）
・塩田武史『塩田武史写真報告　水俣'68―'72　深き淵より』（西日本新聞社、一九七三年）
・塩田武史『僕が写した愛しい水俣』（岩波書店、二〇〇八年）
・塩田武史『水俣な人　水俣病を支援した人びとの軌跡』（未來社、二〇一三年）
・高峰武『水俣病を知っていますか』（岩波ブックレット、二〇一六年）

・高峰武編『水俣病小史　増補第三版』（熊本日日新聞社、二〇〇八年）
・高峰武編『8のテーマで読む水俣病』（弦書房、二〇一八年）
・緒方正人『チッソは私であった』（河出文庫、二〇二〇年）
・緒方正人、辻信一『常世の舟を漕ぎて　熟成版』（ＳＯＫＥＩパブリッシング、二〇二〇年）
・水俣フォーラム編『水俣へ　受け継いで語る』（岩波書店、二〇一八年）
・水俣フォーラム編『水俣から　寄り添って語る』（岩波書店、二〇一八年）
・富樫貞夫『水俣病事件と法』（石風社、一九九五年）
・岩岡中正編『石牟礼道子の世界』（弦書房、二〇〇六年）
・松本勉、上村好男、中原孝矩編『水俣病患者とともに　日吉フミコ闘いの記録』（草風館、二〇〇一年）
・後藤孝典『沈黙と爆発　ドキュメント「水俣病事件」』（集英社、一九九五年）
・細川一「今だからいう水俣病の真実」（『文藝春秋』一九六八年一二月号）
・現代技術史研究会『技術史研究　№86』（現代技術史研究会、二〇一八年）
・W・ユージン・スミス、アイリーン・美緒子・スミス『ＭＩＮＡＭＡＴＡ』（クレヴィス、二〇二一年）
・石川武志『ＭＩＮＡＭＡＴＡ　ＮＯＴＥ　１９７１〜２０１２　私とユージン・スミスと水俣』（千倉書房、二〇一二年）
・吉田司『下下戦記』（文春文庫、一九九一年）
・国立歴史民俗博物館編『「１９６８年」　無数の問いの噴出の時代』（一般財団法人歴史民俗博物館振興会、二〇一七年）
・武田泰淳『士魂商才』（岩波現代文庫、二〇〇〇年）
・水上勉『海の牙』（河出書房新社、一九六〇年）
・羽賀しげ子『不知火記　海辺の聞き書』（新曜社、一九八五年）
・三島昭男『哭け、不知火の海』（三一書房、一九七七年）
・永野三智『みな、やっとの思いで坂をのぼる　水俣病患者相談のいま』（ころから、二〇一八年）

「水俣病闘争」関連年表（米本浩二作成）

一九〇六年	一月、東京帝大卒の実業家野口遵が鹿児島県大口に曾木電気設立。
一九〇八年	八月、野口遵が熊本県水俣に日本窒素肥料設立。水俣工場操業開始。五〇年一月に新日本窒素肥料株式会社、六五年一月にチッソ株式会社、二〇一一年に事業部門を分社化しＪＮＣと社名変更。
一九二〇年	水俣工場に診療所開設。のちのチッソ付属病院。
一九二五年	水俣漁業組合、日窒水俣工場に工場廃水による被害補償を要求。
一九二七年	六月、朝鮮窒素肥料設立。興南（現・北朝鮮）電力化学コンビナートの建設に着手。
一九三二年	三月、日窒水俣工場でアセトアルデヒドの生産開始。有機水銀を含む廃液を水俣湾百間港へ無処理放流。無処理のまま六八年まで放流を継続。
一九四一年	九月、日窒、朝鮮窒素肥料を吸収合併。一一月、日本で初めて塩化ビニール製造開始。同工程からも有機水銀流出。のちに水俣病と疑われる最も早い症例の発生。日窒興南コンビナート龍興工場、アセトアルデヒド製造開始。有機水銀を含む廃水を日本海へ放流。
一九四四年	日窒水俣工場の生産品の半分を軍需品が占める。
一九四五年	三～八月、日窒水俣工場、七次にわたる空襲で壊滅的被害。八月、太平洋戦争敗戦により日窒は興南コンビナートをはじめとする全体の八割を占める海外資産を失う。
一九四七年	六月、日窒の肥料生産、戦前の水準を上回る。
一九四八年	一〇月、日窒水俣工場付属病院開設。水俣市初の総合病院。

一九五一年　八月、アセトアルデヒド工程の助触媒を二酸化マンガンから酸化鉄に変更。排出される有機水銀の量が増える。

一九五三年　水俣湾周辺漁村で多数の猫が死ぬ。原因不明の中枢神経系疾患散発。一二月、水俣病認定第一号患者、溝口トヨ子が発症（五六年三月死去）。

一九五六年　五月一日、新日窒付属病院長の細川一が水俣保健所に原因不明の中枢神経系疾患四名発生と報告。水俣病発生の公式確認。五月二八日、水俣市が奇病対策委員会設置。七月、奇病対策委、患者八人を隔離病舎に収容。八月、熊本大医学部に水俣奇病研究班（のちの水俣病研究班）を設置。水俣市が人口のピーク（五万四六一人）。

一九五七年　四月、水俣保健所の実験で猫発症。水俣湾産魚介類の毒性確認。六月、熊大医学部が「水俣病」の呼称を公式に初めて使う。七月、熊本県が食品衛生法による水俣湾産魚介類の漁獲禁止の方針を固める。八月、水俣奇病罹災者互助会（のちの水俣病患者家庭互助会）結成。会長は渡辺栄蔵。九月、熊本県の照会に対し、厚生省は「食品衛生法は適用できない」と回答。新日窒、年間売上高一〇〇億円を超える。

一九五八年　九月、新日窒水俣工場、廃液の放流先を百間港から水俣川河口の八幡プールへ変更。以後、津奈木・芦北方面など不知火海全域に被害拡大。一〇月、水俣保健所が火事で全焼、初期の水俣病関係資料が焼失。

一九五九年　同年初め頃、水俣保健所が脳性小児麻痺様の子供たちを集める。集団検診か。七月、熊本大研究班が水俣病の原因を有機水銀と発表。一〇月、新日窒付属病院の実験でアセトアルデヒド廃水投与の「猫四〇〇号」が発症。一一月、不知火海沿岸漁民約一〇〇〇人が工場に乱入（漁民暴動）。食品衛生調査会、水俣食中毒特別部会の結論により「水俣病の原因は港周辺の魚介類中の有機水銀」と厚生大臣に答申。池田勇人通産相は「結論は早計」と反発し、答申は閣議了解とならず、部会は翌日解散。患者家庭互助会、水俣工場前に座り込む。一二月、水俣工場にサイクレーター設置。水銀除去の効果ありと称するも水銀除去能力はなし。厚生省の患者認定制度始まる。患者家庭互助会、新日窒と見舞金契約を締結。弔慰金三〇万円など。「今後原因が工場排水と判明しても追加補償を請求しない」という条項を含み、七三年の判決で「公序良俗に反して無効である」と批判される。

一九六〇年　七月、桑原史成が水俣の患者専用病棟などで撮影開始。アセトアルデヒド生産量が四万五二四五トンに達し戦後最高に。

一九六一年　七月、熊大の原田正純医師、湯堂で奇病患者を診察。八月、解剖で胎児性水俣病を初めて確認。

一九六二年　四月、新日窒水俣工場で「安賃闘争」が始まる。会社寄りの第二組合が結成され、第一組合と対立。市民を巻き込み水俣を二分する事態に。細川一、新日窒付属病院を退職。一一月、水俣病患者診査協議会、脳性小児麻痺様患者一六人を胎児性水俣病と診定。

一九六三年　二月、熊本大研究班が「原因物質はメチル水銀化合物」と公式発表。

一九六四年　一二月、富田八郎（宇井純）が月刊『合化』誌に「水俣病」の連載開始。水俣病研究史・事件史に関する初めての総合的・学問的検討。

一九六五年　六月、新潟県阿賀野川下流域で第二の水俣病（新潟水俣病）公式確認。原因は昭和電工鹿瀬工場の排水。七月、細川一と宇井純が現地調査。鹿瀬工場を汚染源と推定。

一九六七年　六月、新潟水俣病の患者らが昭和電工に損害賠償を求めて新潟水俣病一次訴訟提訴。

一九六八年　一月、水俣病対策市民会議（のちの水俣病市民会議）が発足。水俣病闘争スタート。五月、チッソ水俣工場がアセトアルデヒド生産停止。有機水銀流出止まる。九月、政府が水俣病と新潟水俣

一九六九年
病を公害病と認定。チッソ社長が患者宅を回り詫びる。
一月、石牟礼道子『苦海浄土 わが水俣病』刊行。三月、石牟礼道子の要請に応じ、渡辺京二が患者支援運動の立ち上げを決意。四月、患者家庭互助会、一任派と訴訟派に分裂。渡辺京二ら五人がチッソ水俣工場正門前に座り込む。水俣病を告発する会が発足。水俣病闘争が本格化。六月、水俣病患者二九世帯が熊本地裁に第一次訴訟を起こす。告発する会『告発』創刊。七月、チッソ付属病院閉鎖。九月、水俣病研究会発足、原田正純ら参加。

一九七〇年
五月、告発する会メンバーらが厚生省水俣病補償処理委員会会場を占拠。各地に告発する会ができるきっかけになる。七月、東京・水俣巡礼団が東京から水俣まで水俣病問題を訴えカンパ活動。熊本地裁が細川一医師を臨床尋問。猫四〇〇号実験の詳細を証言。一〇月、東大助手の宇井純が公開自主講座「公害原論」開始。八五年まで一五年続く。一一月、大阪のチッソ株主総会に巡礼姿の患者や支援者が「一株株主」として参加。加害責任を直接追及。翌日、患者ら高野山巡礼。

一九七一年
九月、新潟水俣病一次訴訟、原告勝訴。一一月、川本輝夫らが自主交渉闘争開始。米国人写真家ユージン・スミスと妻アイリーンが水俣へ。七四年一一月まで滞在。一二月、川本らが東京本社でチッソ社長と直接交渉。座り込みに石牟礼道子らも参加。座り込みは七三年七月まで一年八カ月に及ぶ。

一九七二年
一月、五井事件、チッソ石油化学五井工場の労働者二〇〇人が川本輝夫、ユージン・スミスらに暴行。六月、ストックホルムで開催された国連人間環境会議に原田正純、宇井純、坂本しのぶ、坂本フジエ、浜元二徳らが参加。

一九七三年
三月、熊本地裁で水俣病訴訟判決。原告勝利。「見舞金契約」は無効。慰謝料一六〇〇万〜

一八〇〇万円など。訴訟派は上京し、自主交渉派と合流し「水俣病東京交渉団」を結成。東京本社でチッソと交渉開始。五月、熊本大二次研究班の研究報告をきっかけに有明町などで〝第三水俣病騒動〟起こる。七月、「補償協定書」に調印。判決の慰謝料に加え、生活年金月額二万〜六万円や医療費等の手当て。以後、認定された患者への運用も明記。水俣病闘争の事実上の終焉。告発する会『告発』終刊。石牟礼道子、渡辺京二らは患者支援運動の前線から退き、季刊誌『暗河』創刊。

一九七四年　一月、水俣湾封鎖仕切り網設置。四月、水俣病センター相思社完成。

一九七五年　八月、熊本県議会議員が「補償金目当てのニセ患者がいる」と発言。

一九七七年　六月、検察が川本輝夫を傷害罪で起訴した「川本事件」で東京高裁が公訴棄却。

一九七八年　六月、チッソを金融支援するための県債発行を閣議が了承。チッソ経営資金の公的支援始まる。

一九八五年　二次訴訟で福岡高裁判決、原告勝訴。

一九八八年　二月、最高裁、チッソ元社長と元工場長の業務上過失致死傷罪が確定。

一九九〇年　三月、水俣湾のヘドロ処理終了。

一九九五年　政府解決策を閣議決定。国賠訴訟は関西訴訟を除いて取り下げ。

一九九七年　一〇月、水俣湾の仕切り網撤去完了。

二〇〇二年　九月、原田正純が熊本学園大で「水俣学」開講。

二〇〇四年　一〇月、最高裁判決、国と熊本県の責任確定。感覚障害だけの水俣病を認める。

二〇〇九年　水俣病被害者の救済及び水俣病問題の解決に関する特別措置法（水俣病特措法）成立。

二〇一一年　水俣病特措法に基づき、チッソ分社化。営利事業を子会社ＪＮＣに譲渡。

米本浩二（よねもと・こうじ）
一九六一年、徳島県生まれ。毎日新聞記者をへて著述業。石牟礼道子資料保存会研究員。著書に『みぞれふる空 脊髄小脳変性症と家族の2000日』（文藝春秋、二〇一三年）、『評伝 石牟礼道子 渚に立つひと』（新潮社、二〇一七年、第六九回読売文学賞評論・伝記賞、［文庫版］二〇二〇年）、『不知火のほとりで 石牟礼道子終焉記』（毎日新聞出版、二〇一九年）、『魂の邂逅 石牟礼道子と渡辺京二』（新潮社、二〇二〇年）。福岡市在住。

本文図版提供＝毎日新聞社

水俣病闘争史

二〇二三年八月二〇日　初版印刷
二〇二三年八月三〇日　初版発行

著者　米本浩二
カバー写真　森田具海「浜（右に獅子島）」
ブックデザイン　鈴木成一デザイン室
発行者　小野寺優
発行所　株式会社河出書房新社
〒一五一－〇〇五一
東京都渋谷区千駄ヶ谷二－三二－二
電話〇三－三四〇四－一二〇一（営業）
〇三－三四〇四－八六一一（編集）
https://www.kawade.co.jp/

組版　株式会社創都
印刷　株式会社亨有堂印刷所
製本　小泉製本株式会社

Printed in Japan　ISBN978-4-309-22862-4